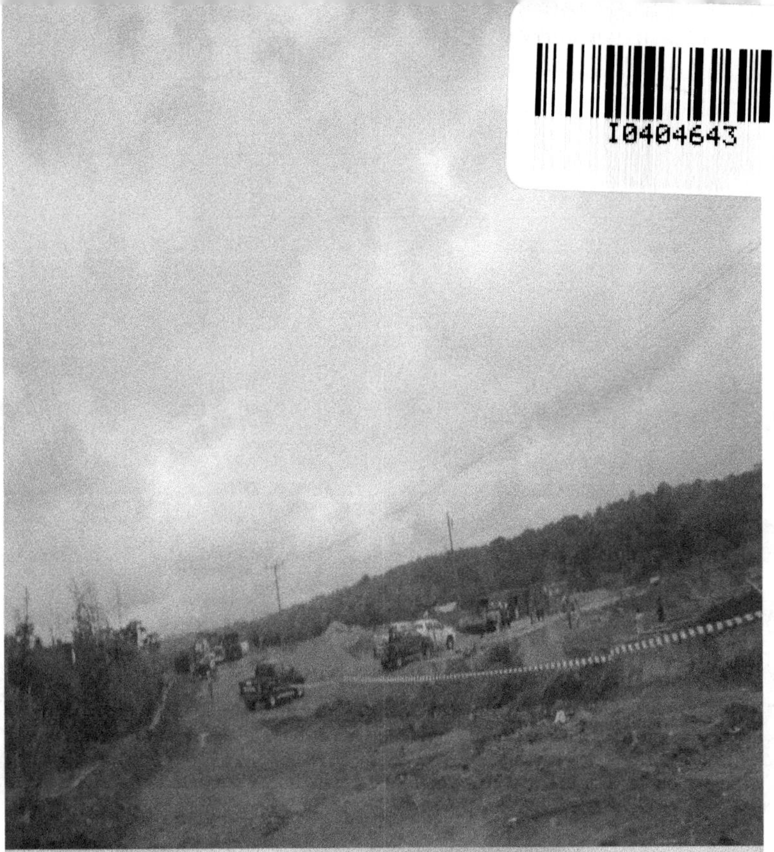

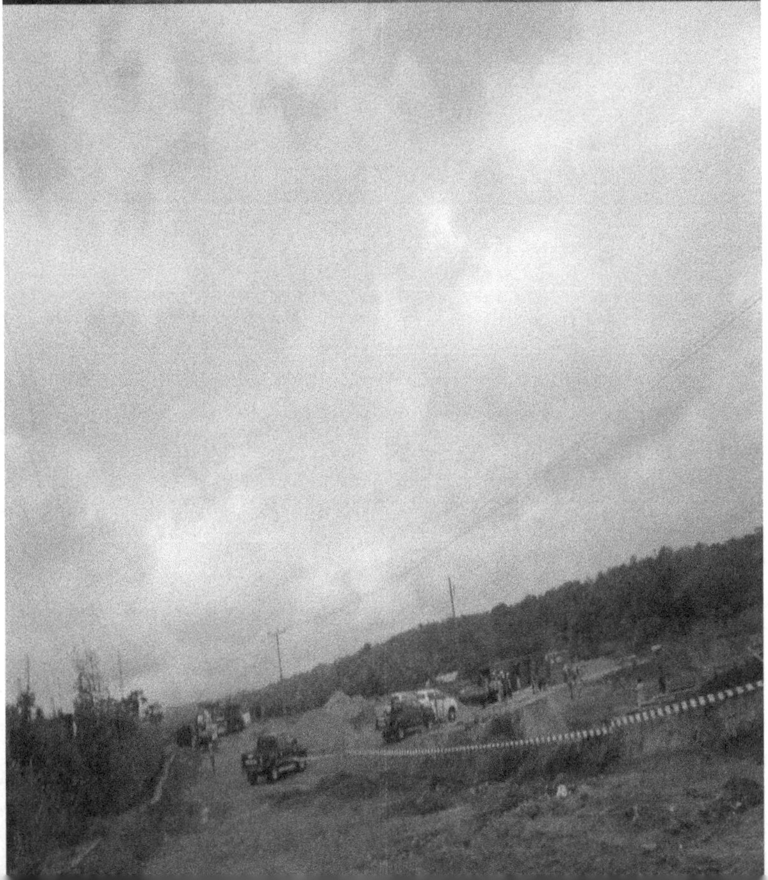

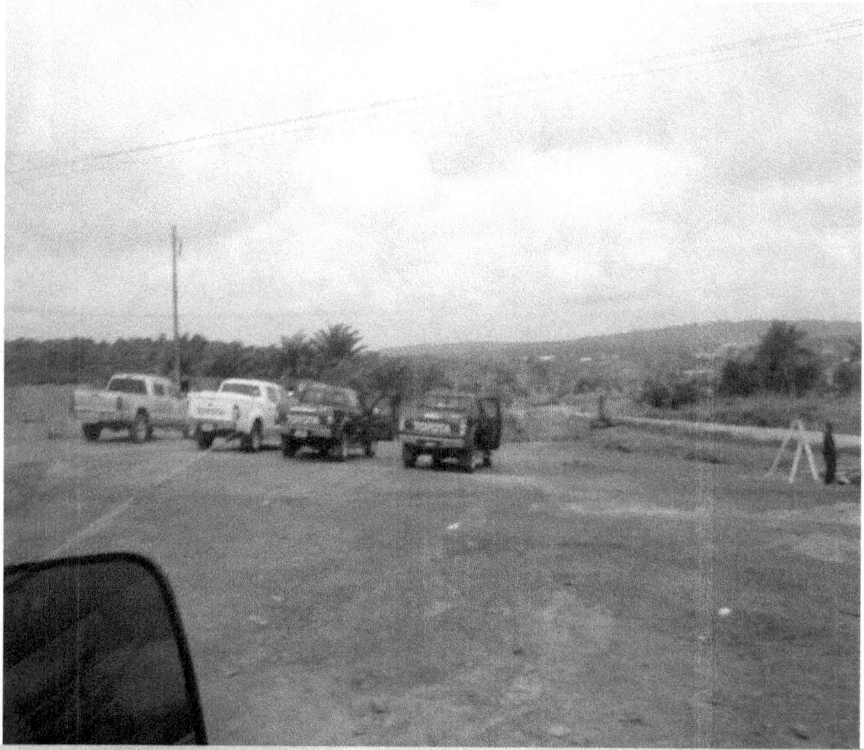

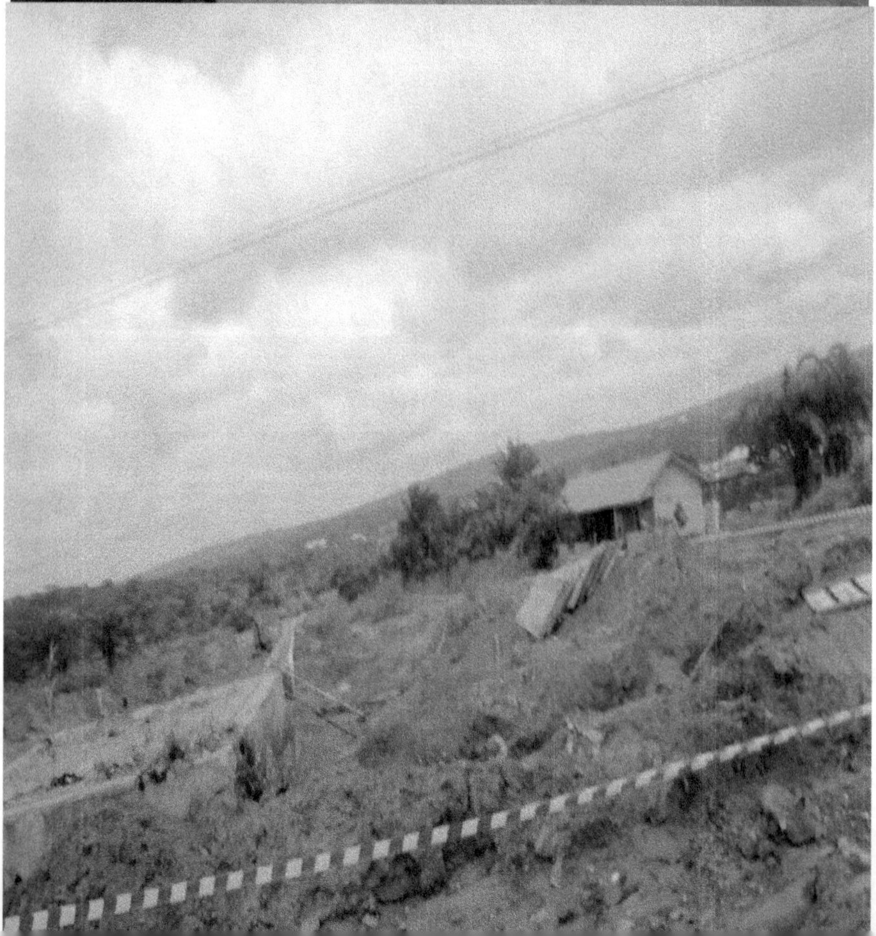

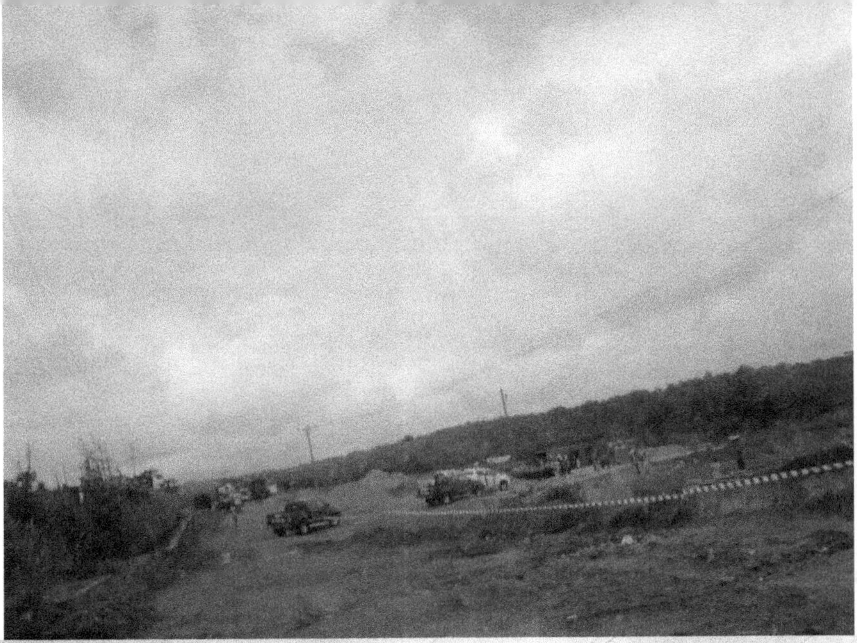

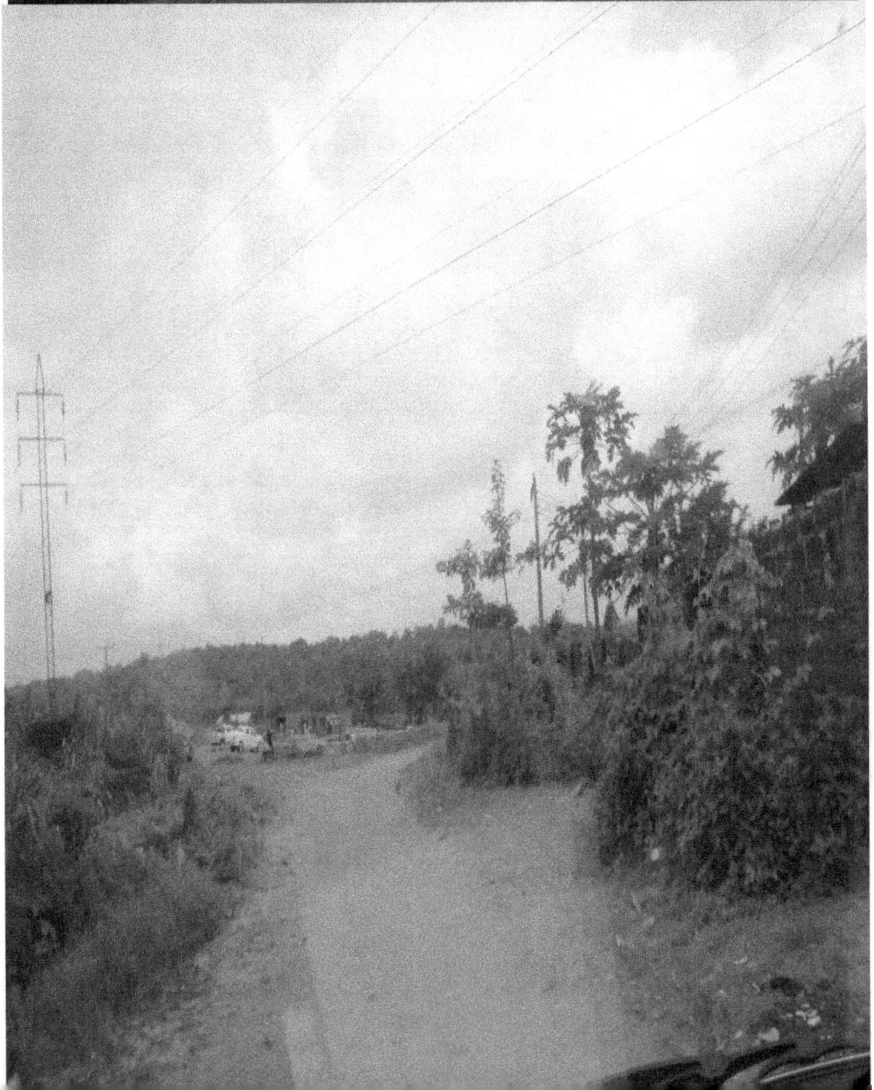

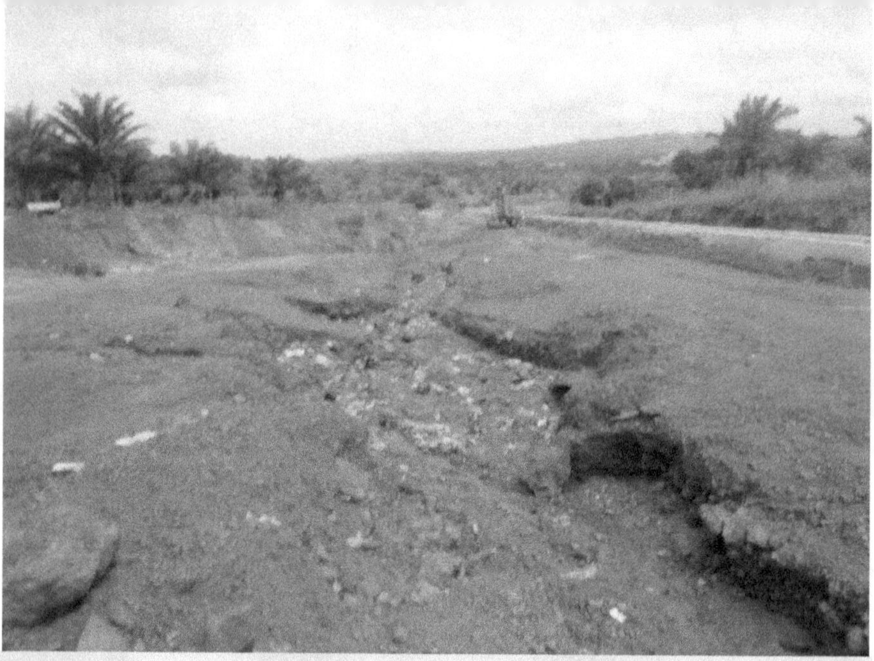

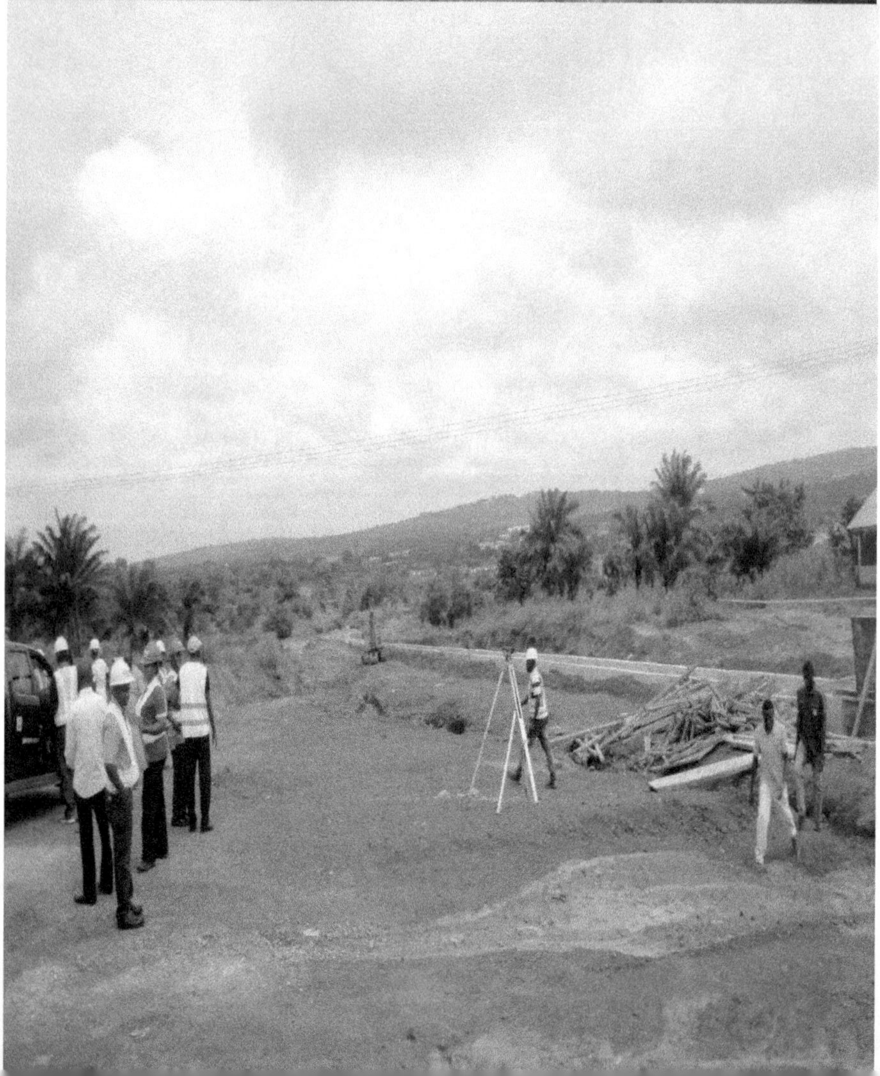

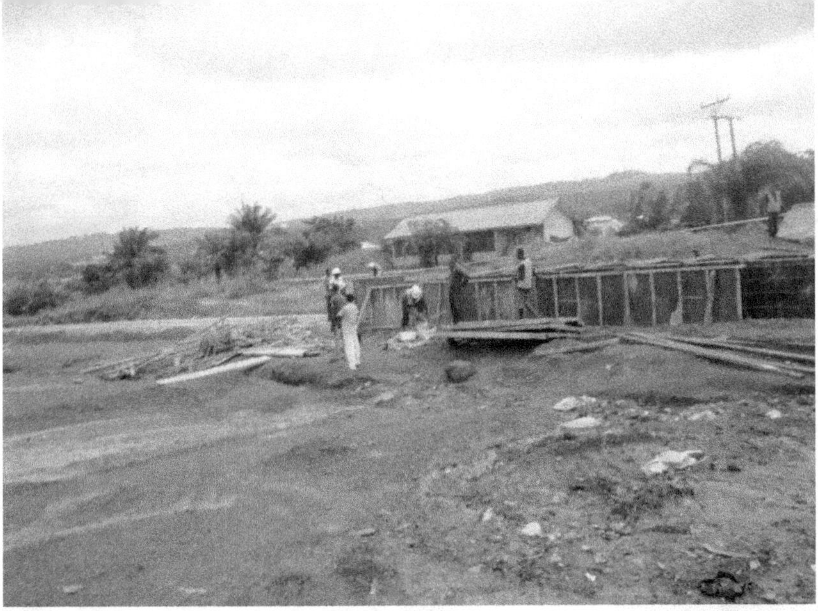

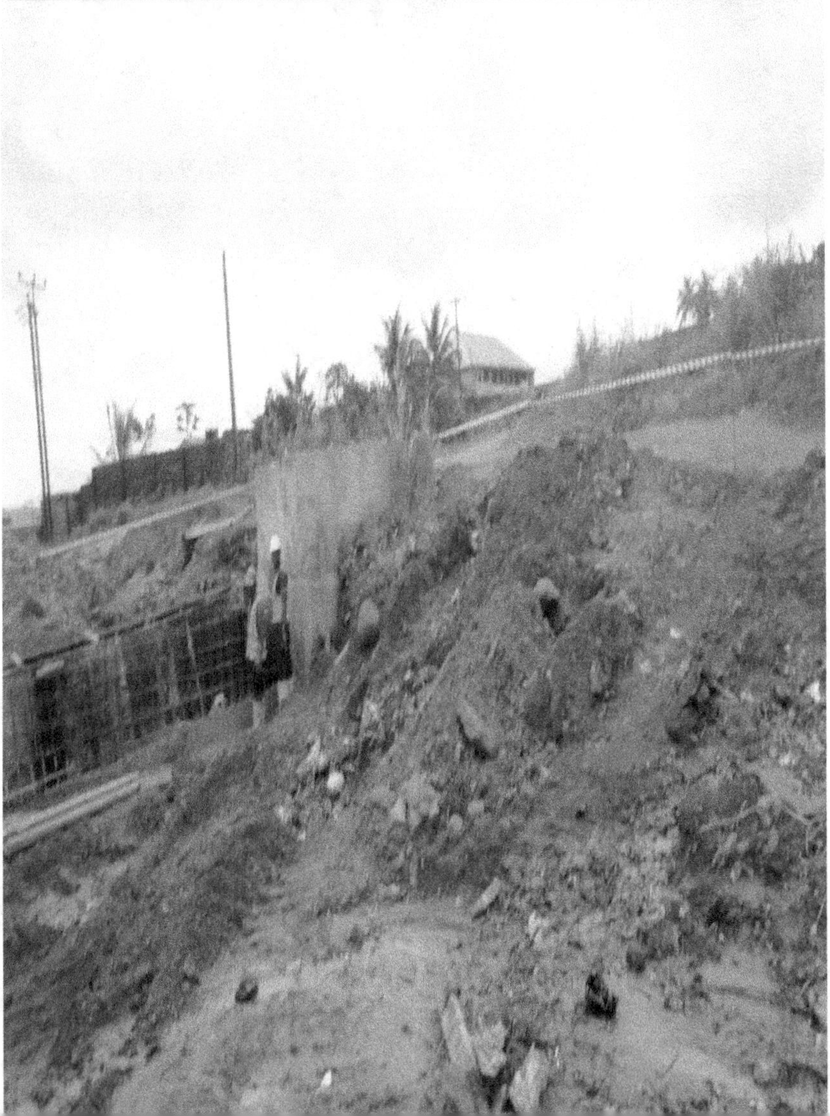

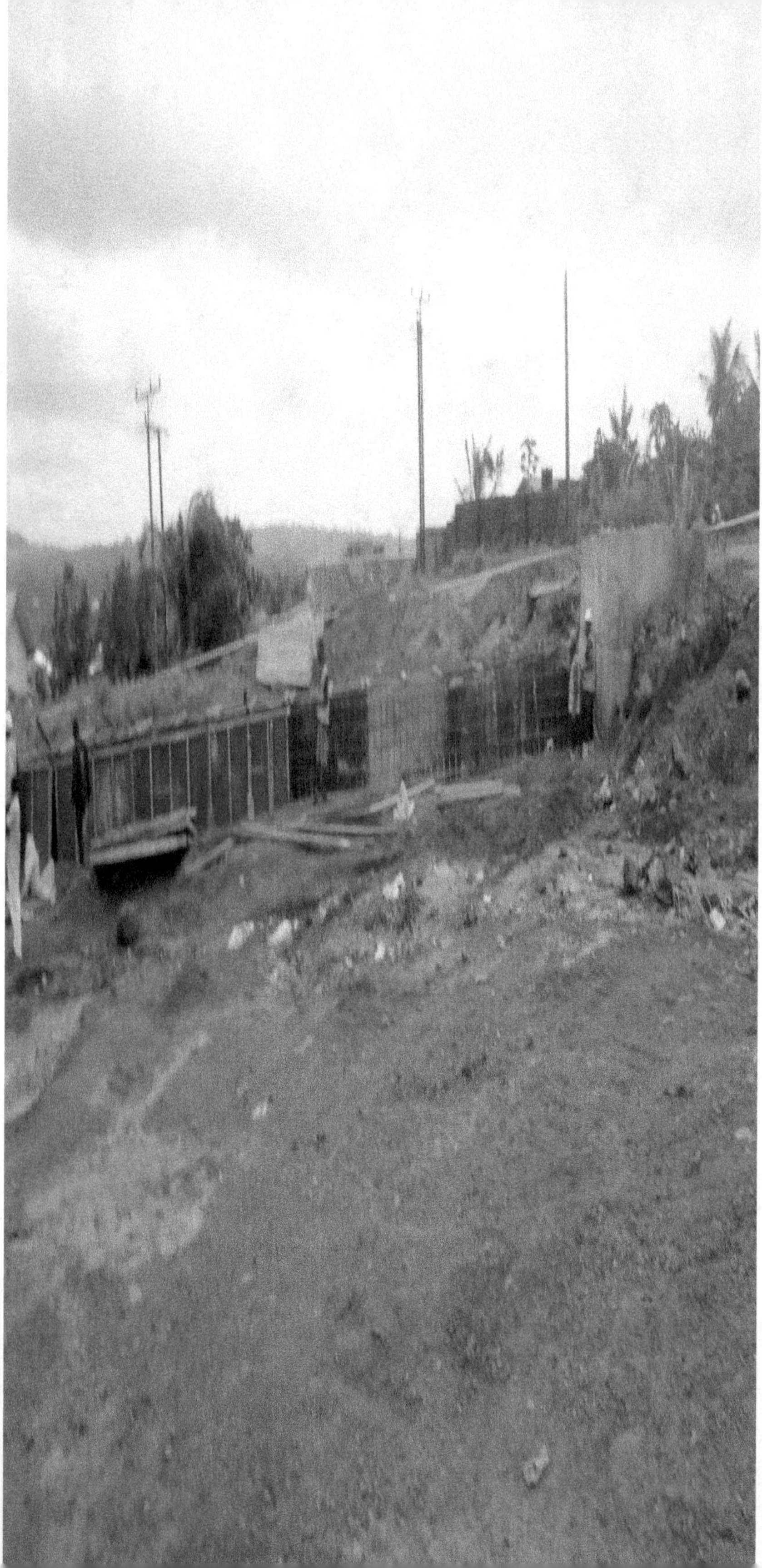

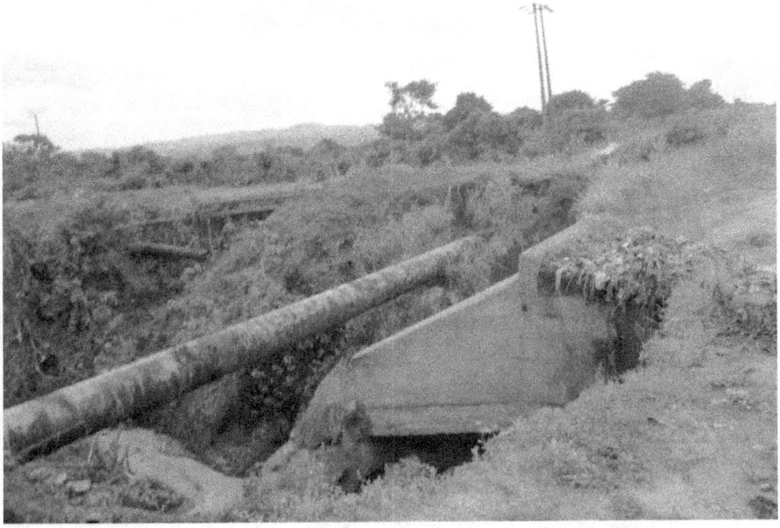

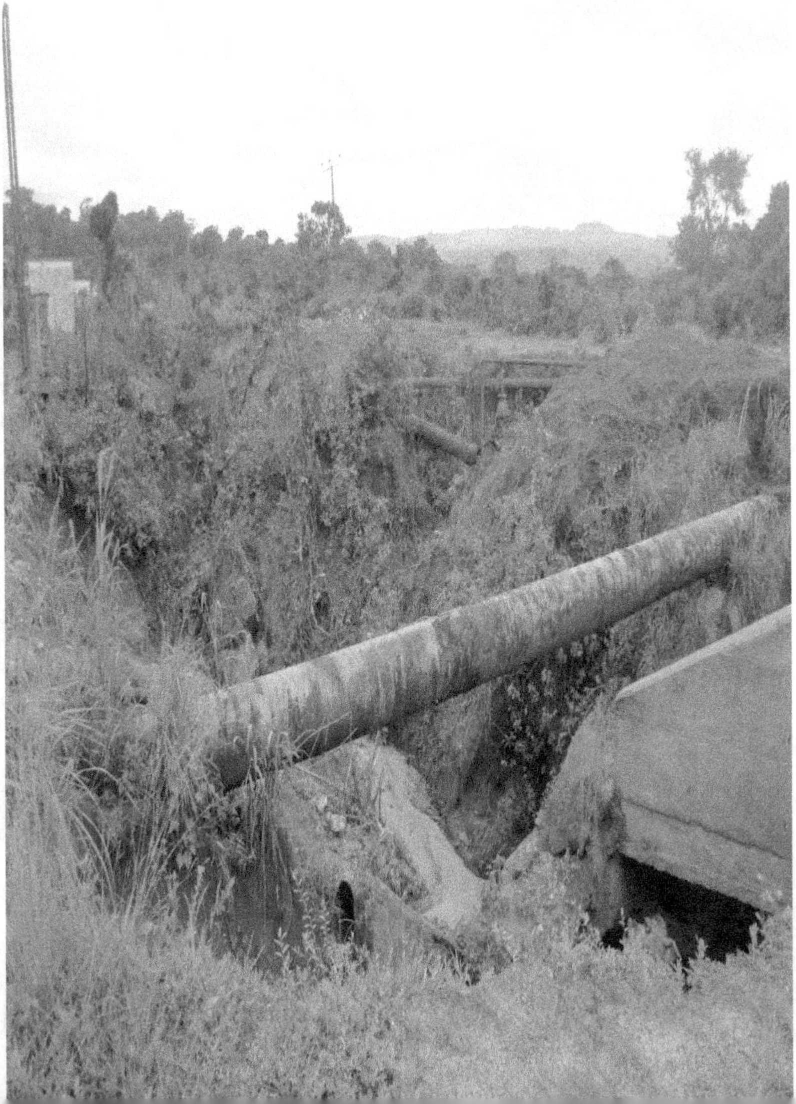

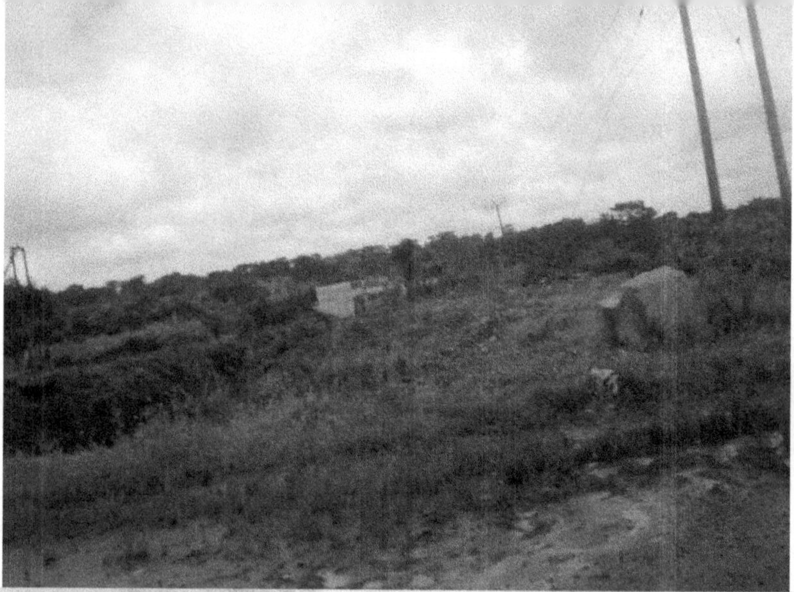

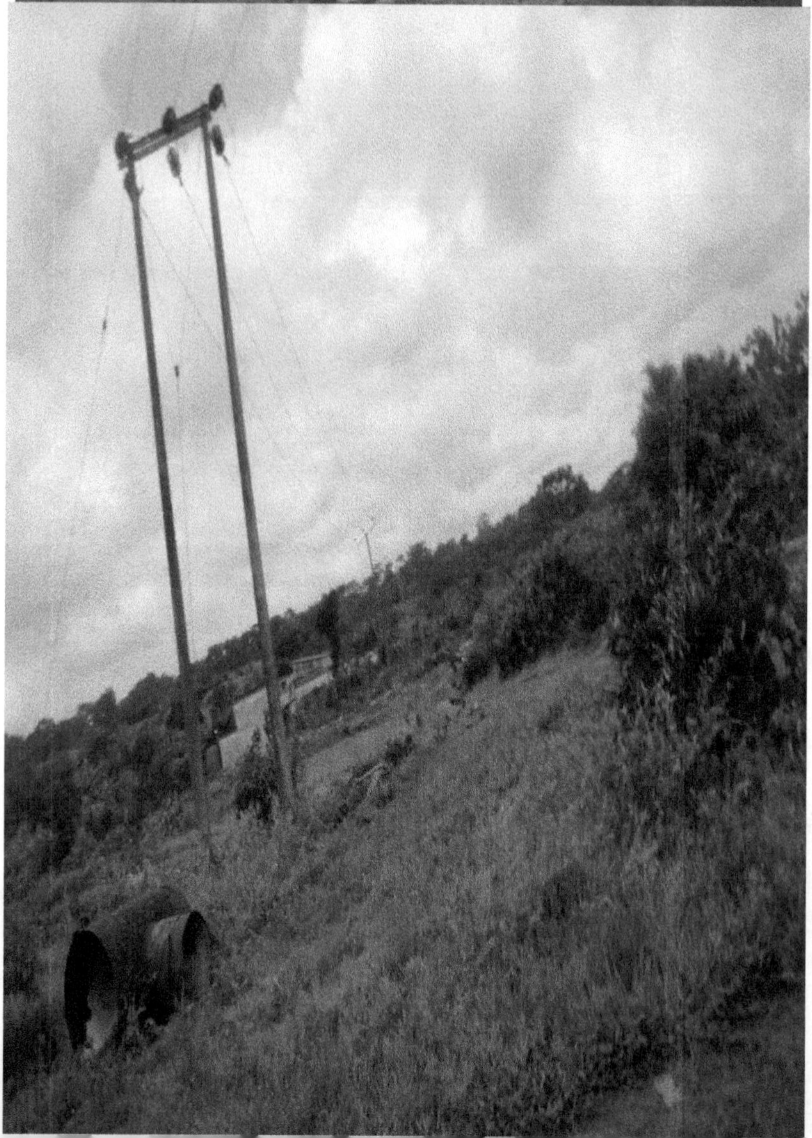

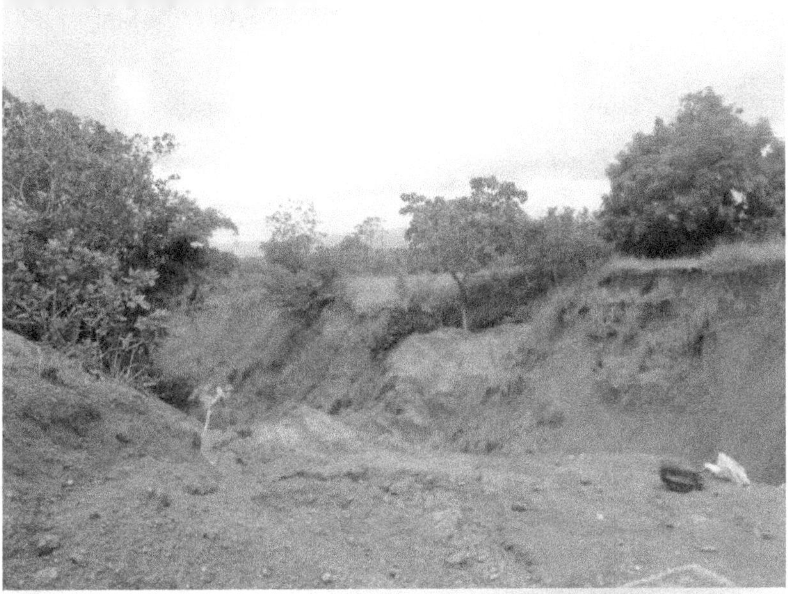

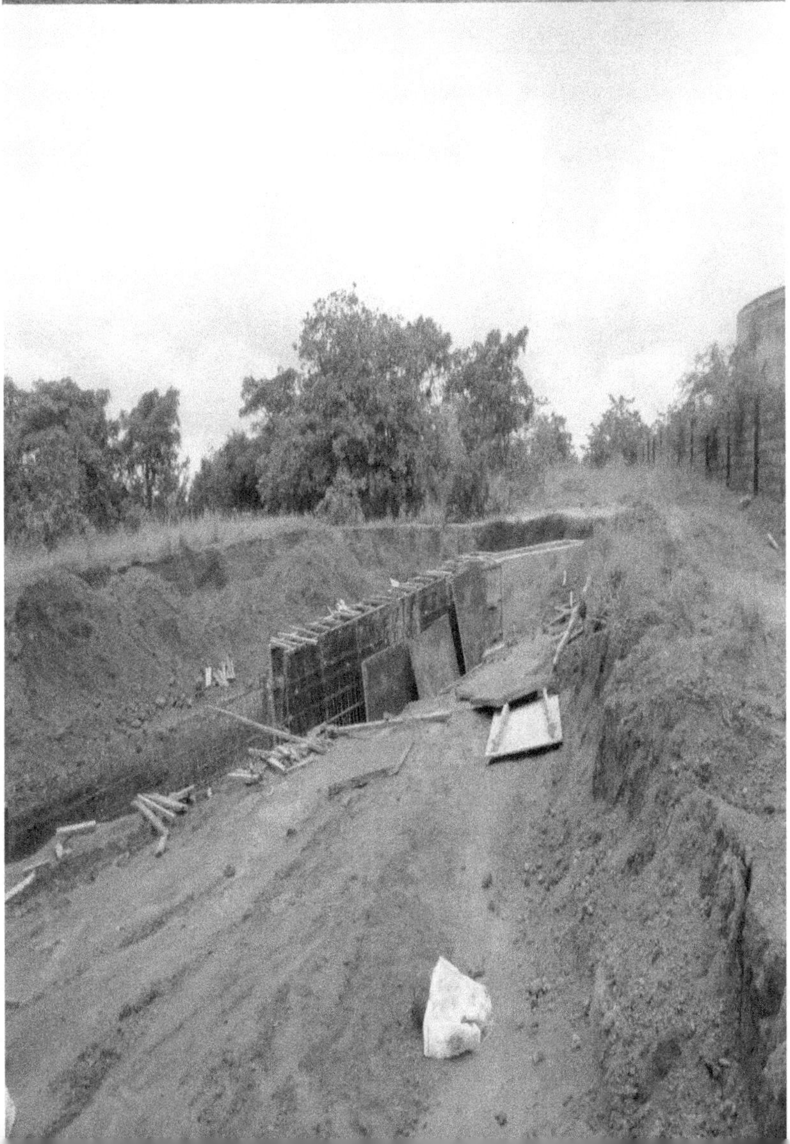

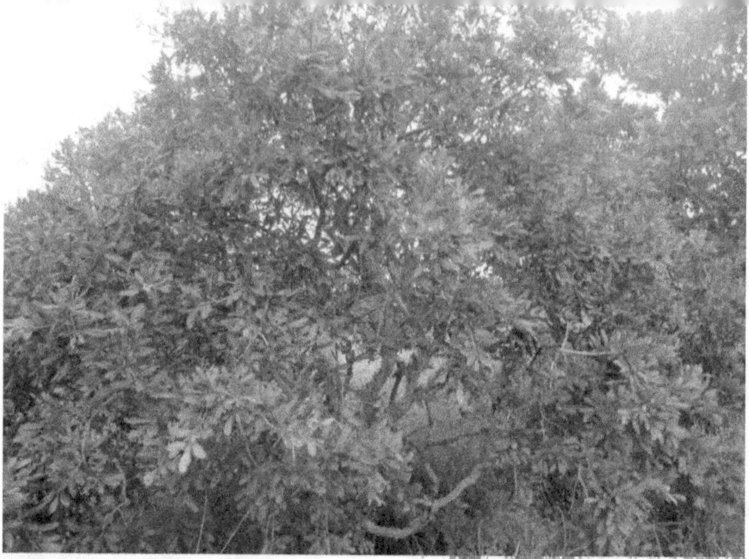

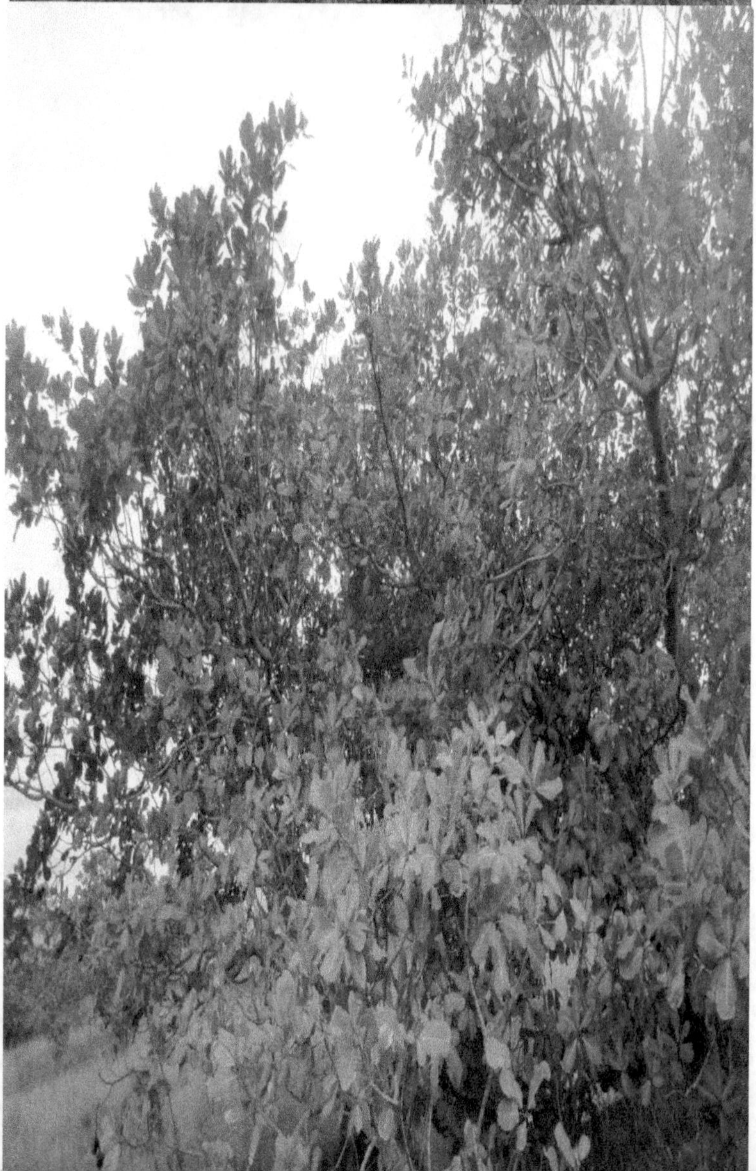

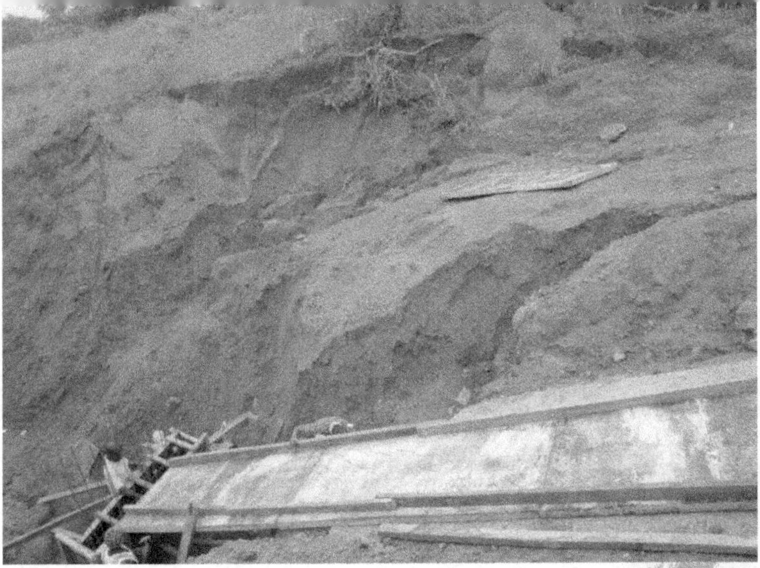

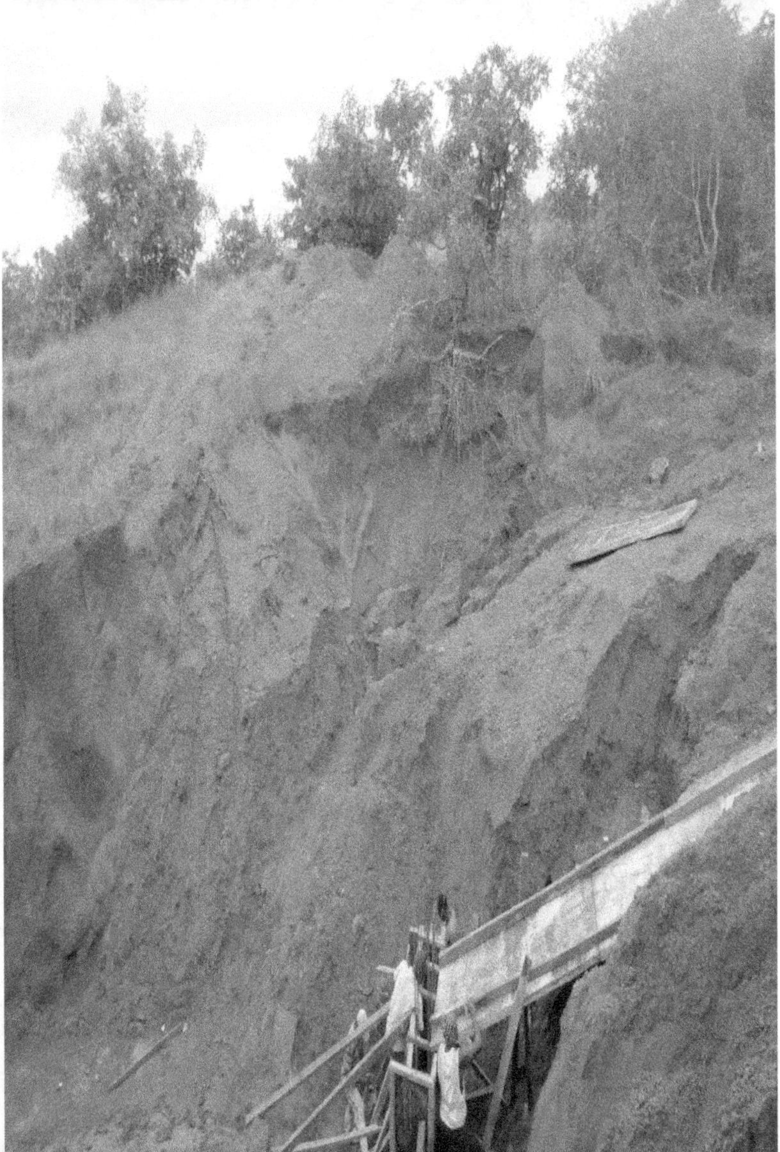

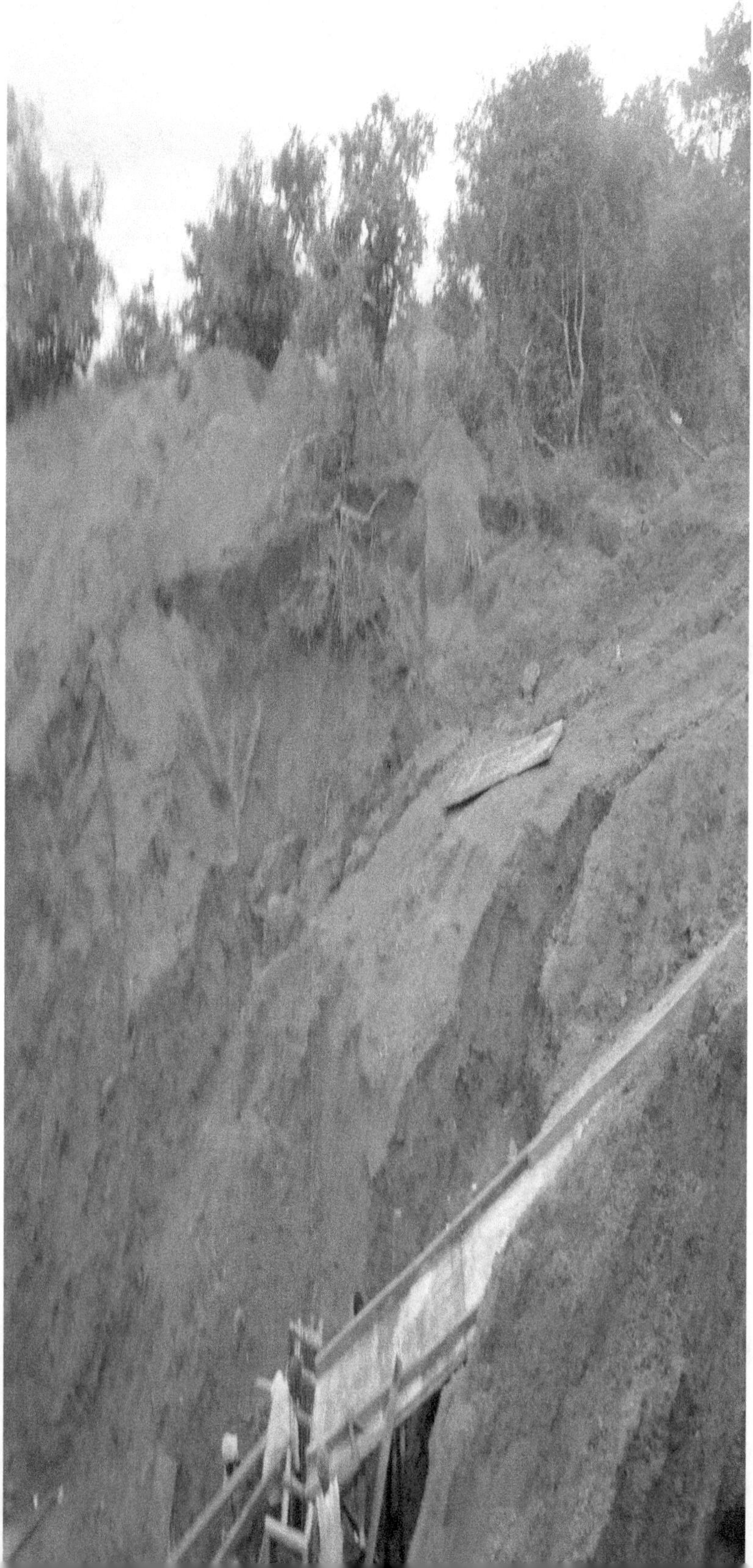

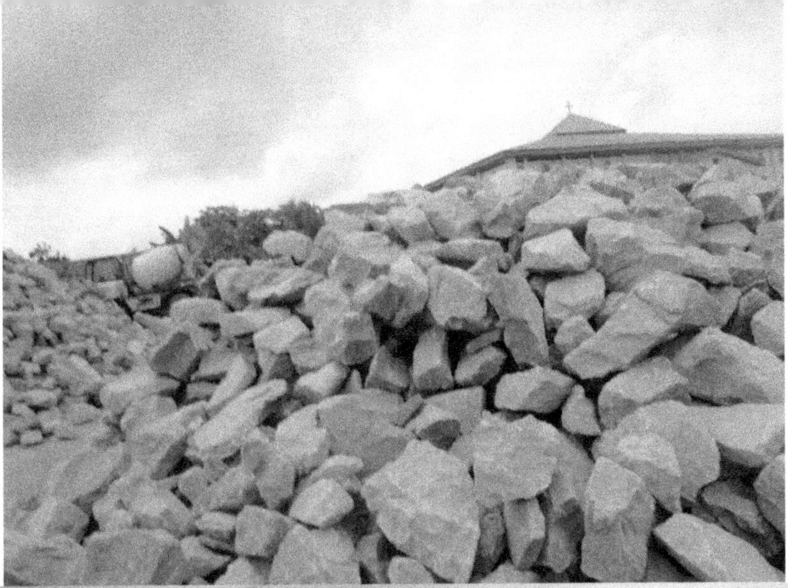

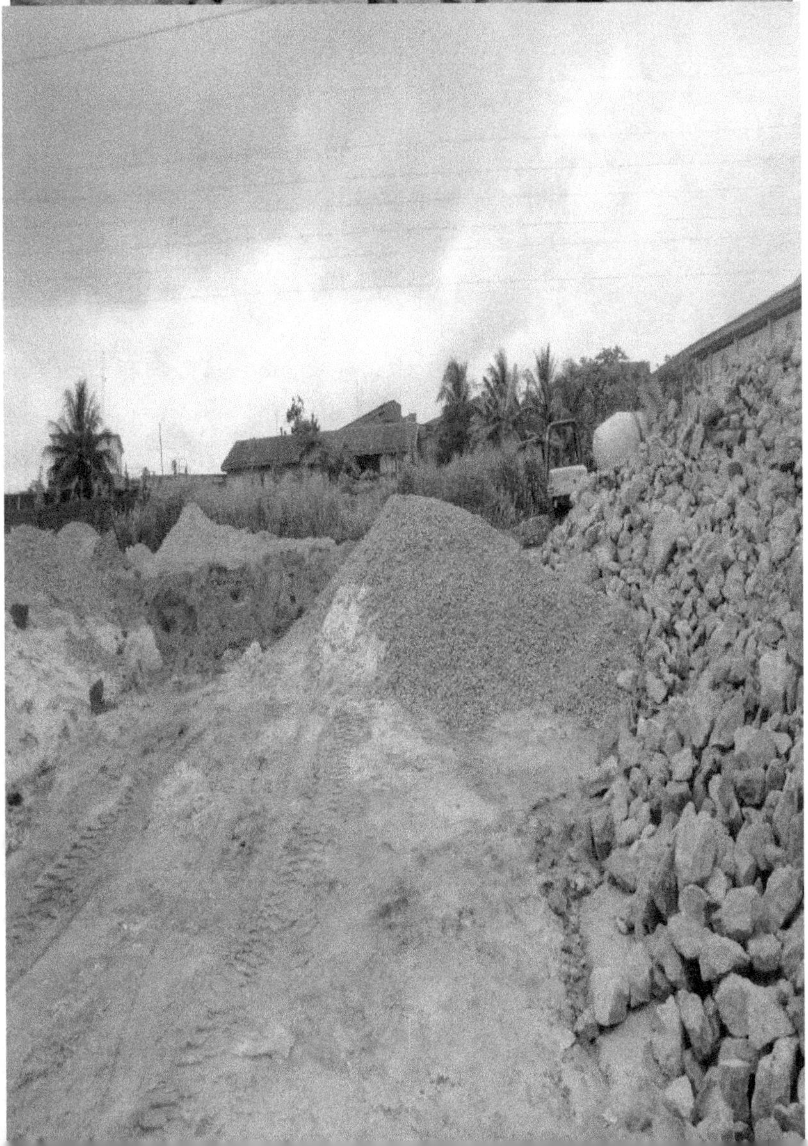

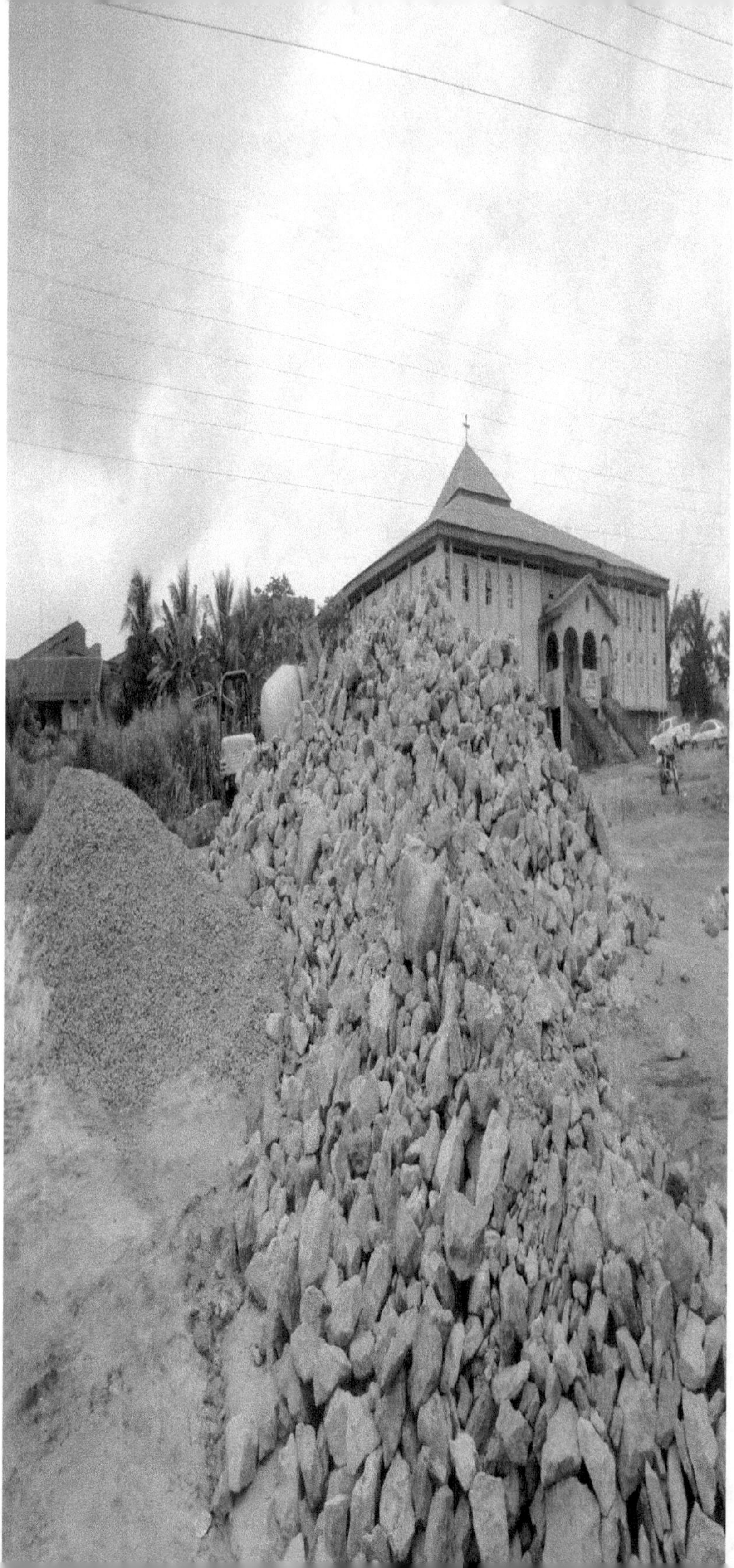

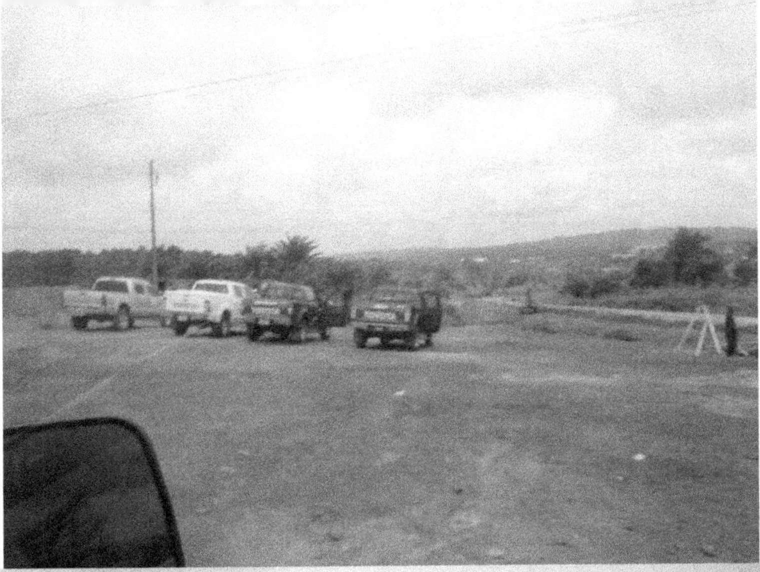

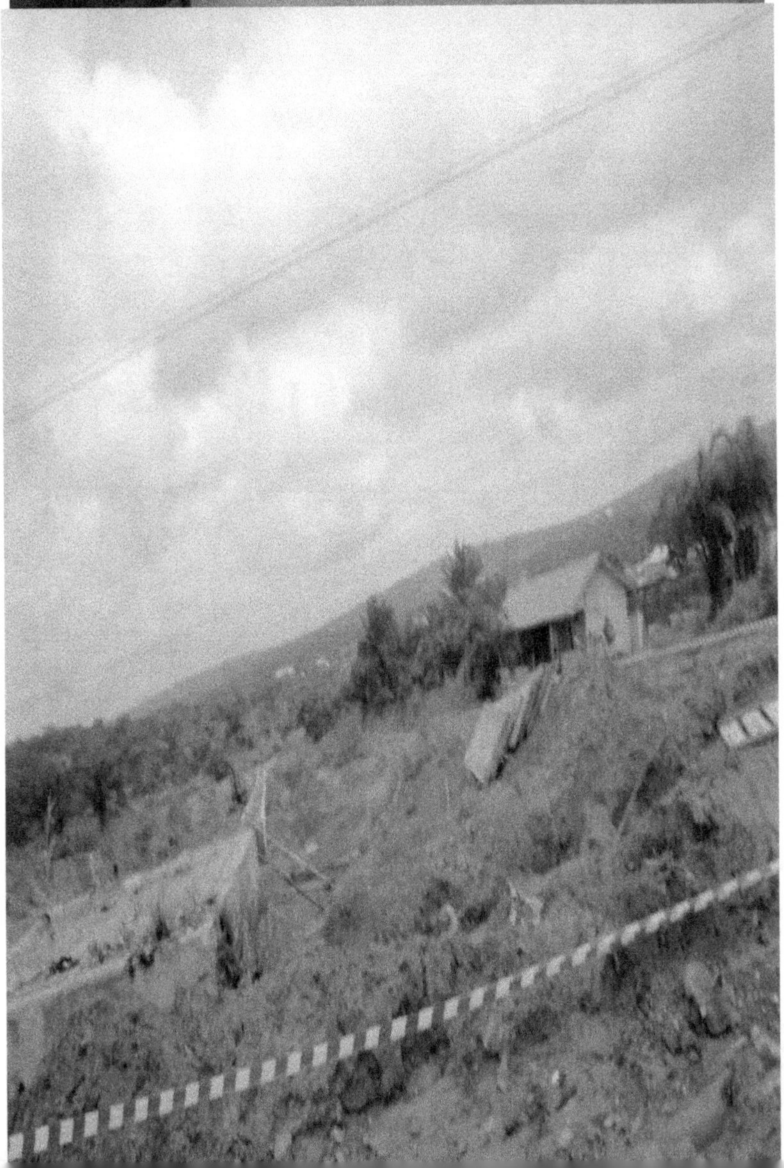

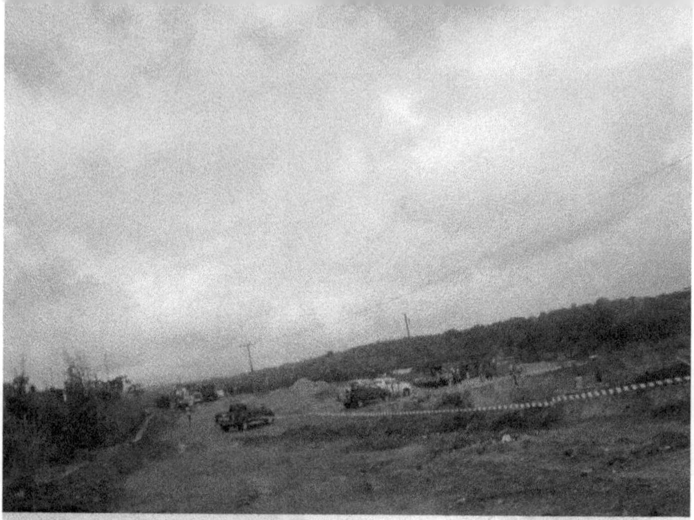

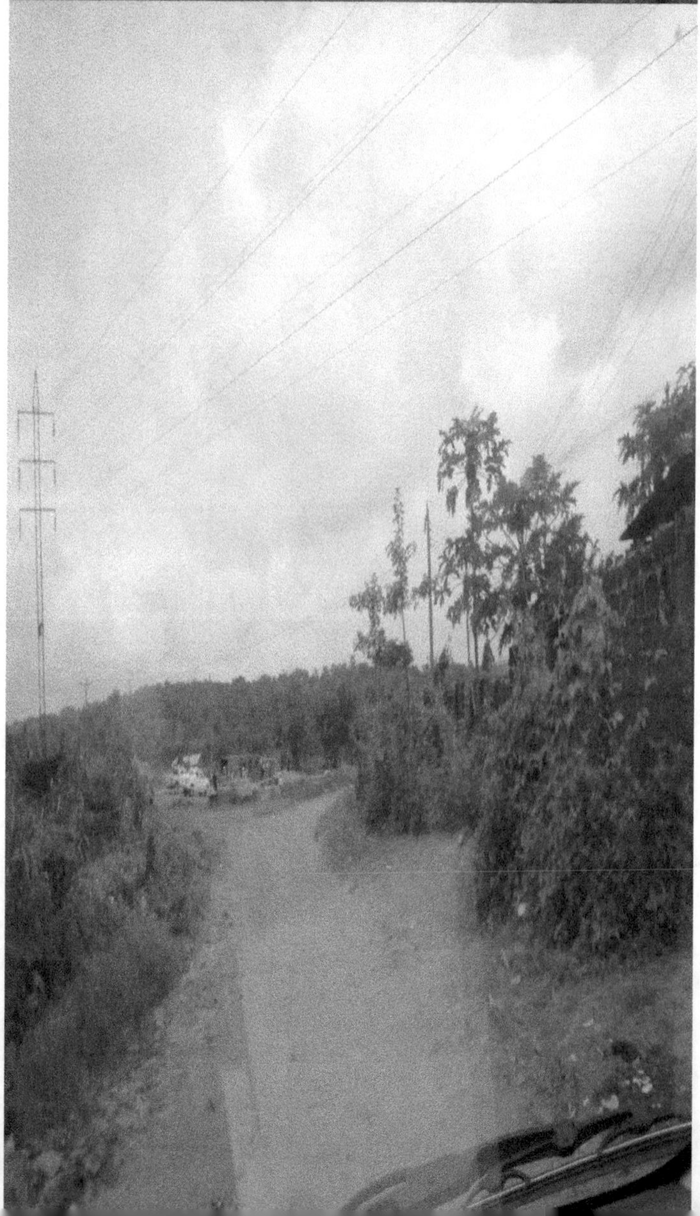

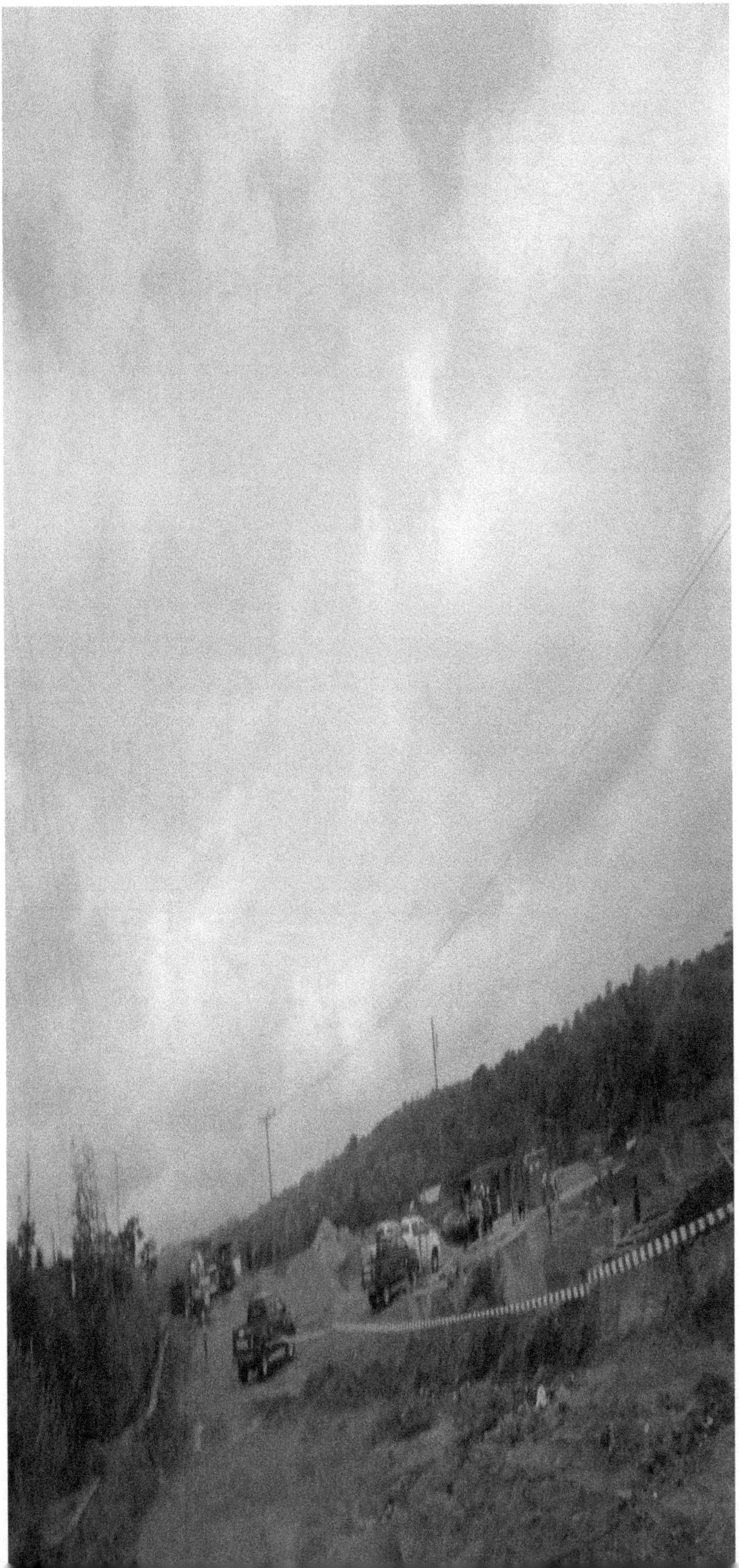

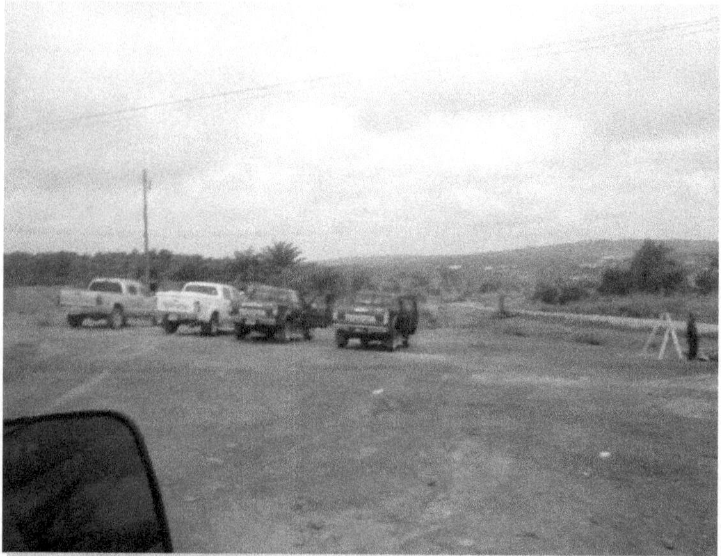

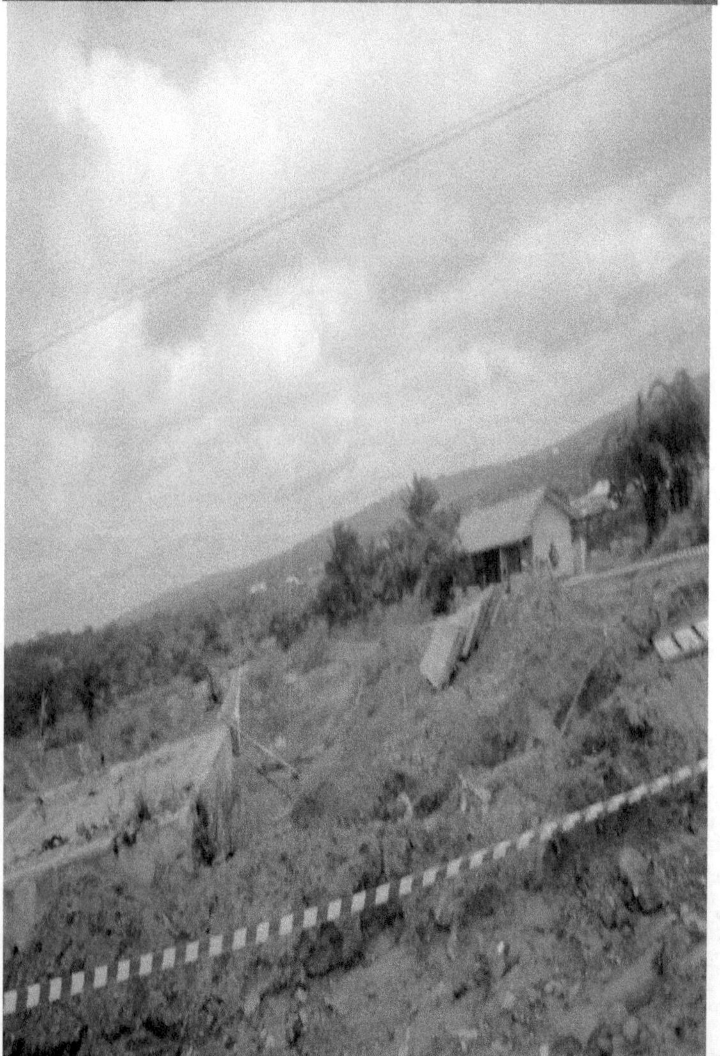

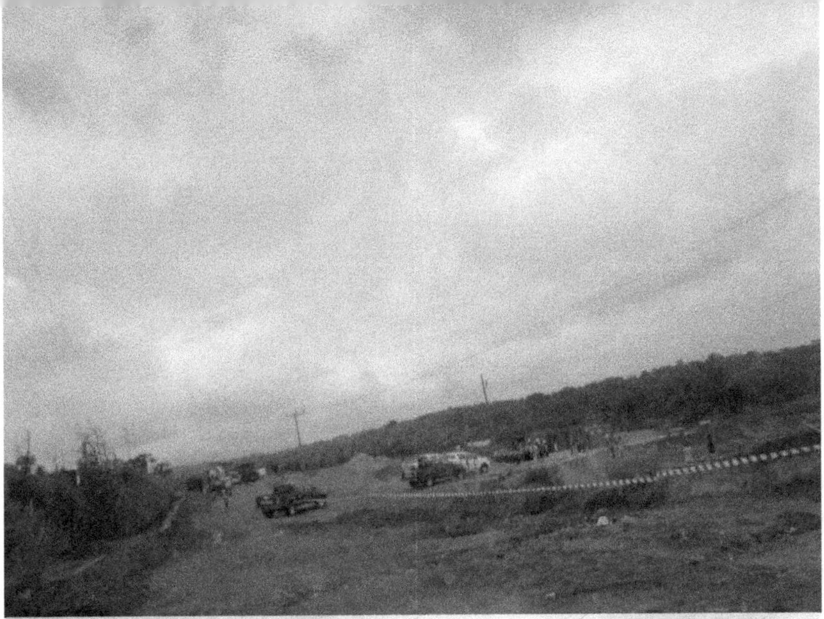

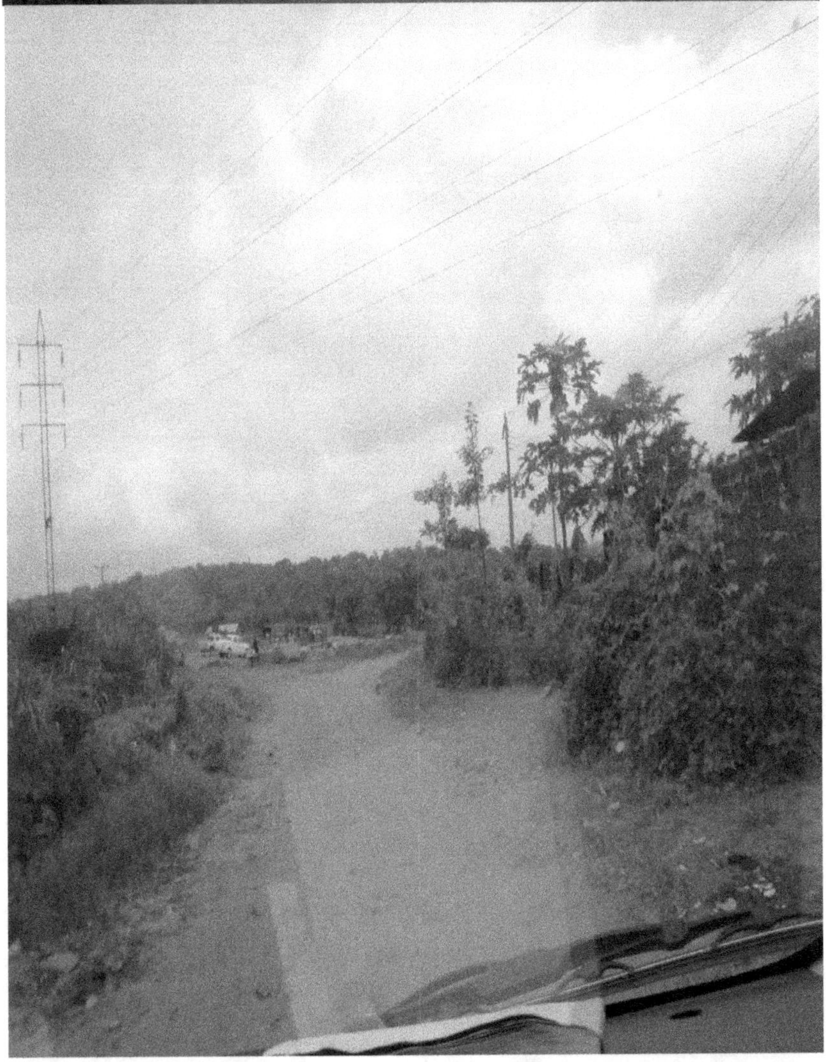

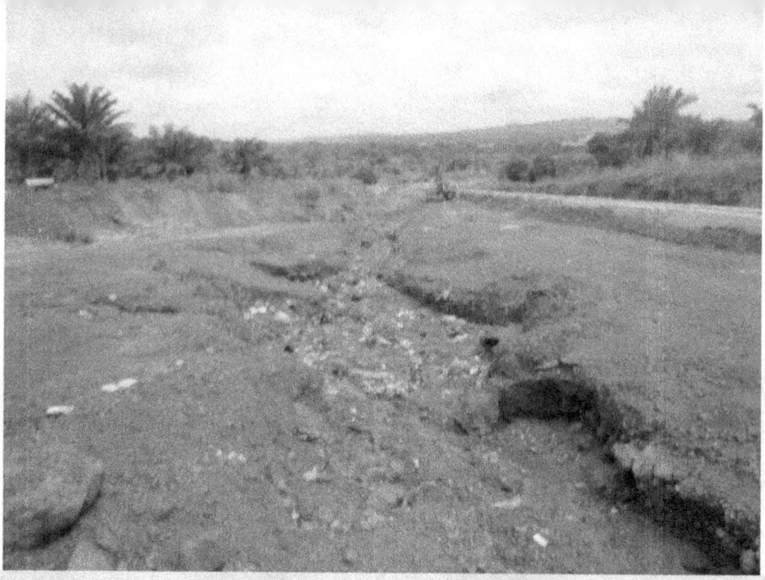

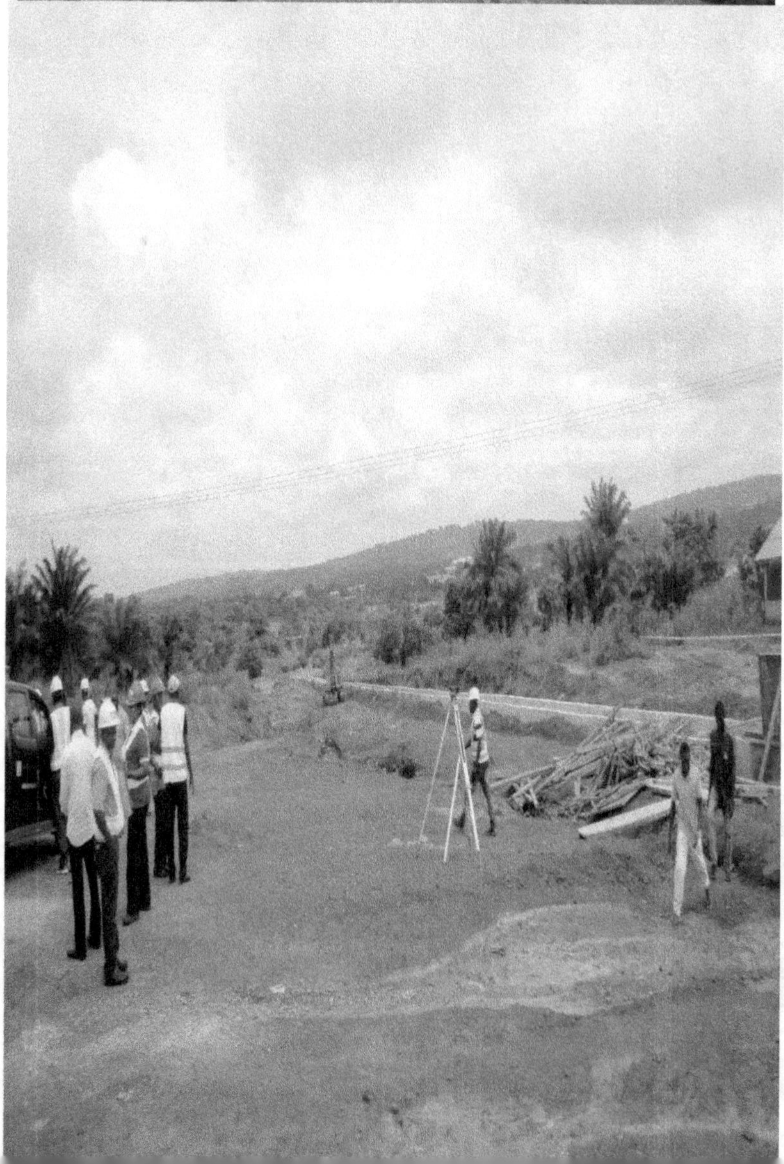

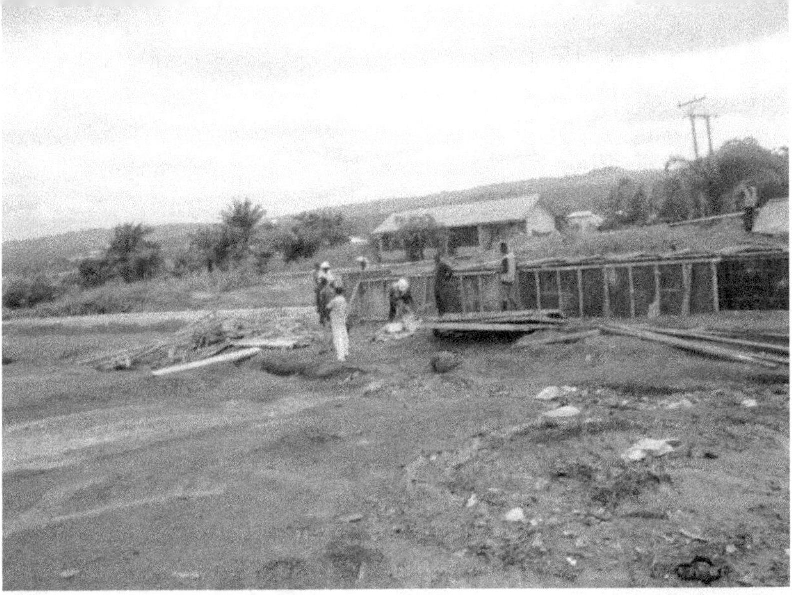

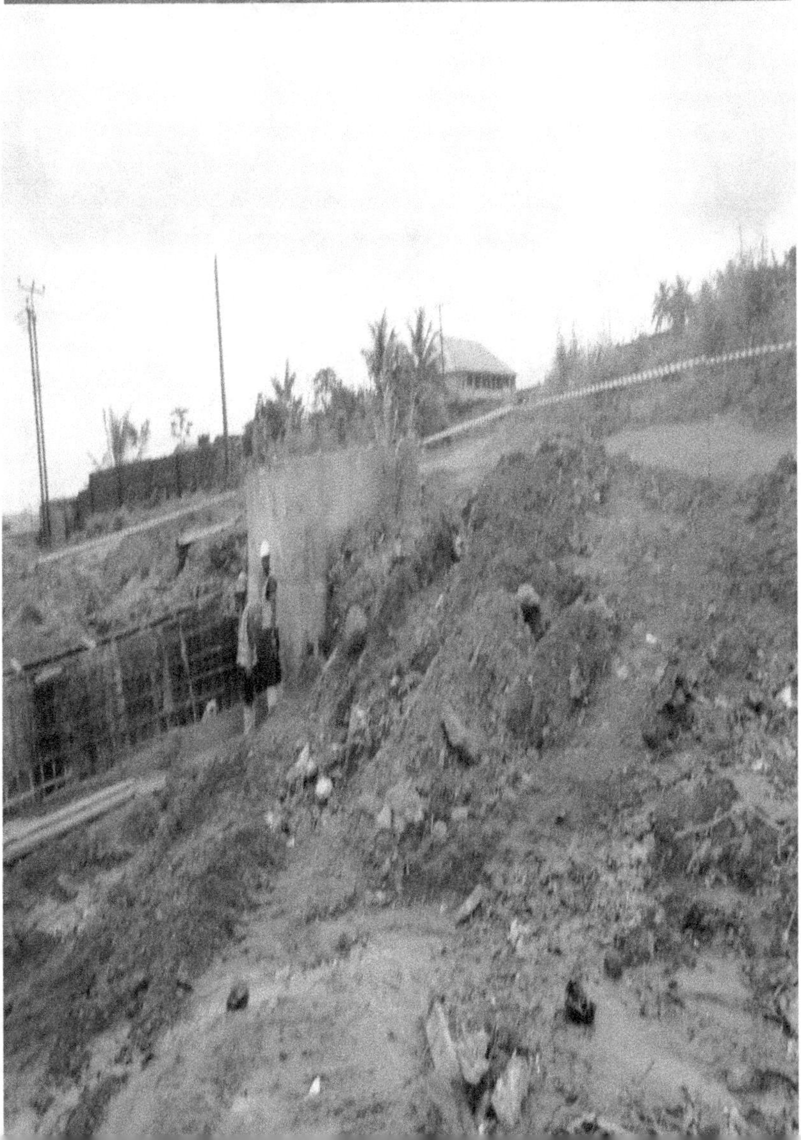

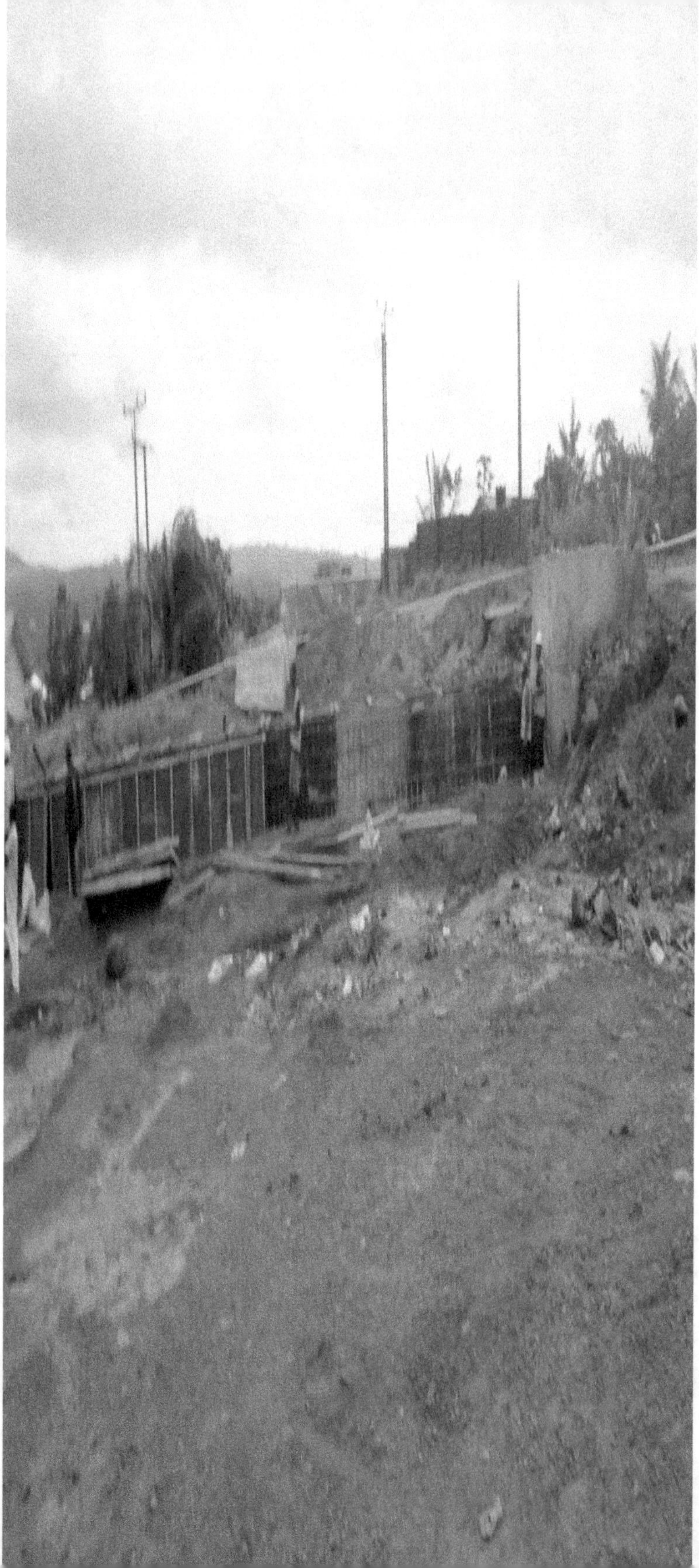

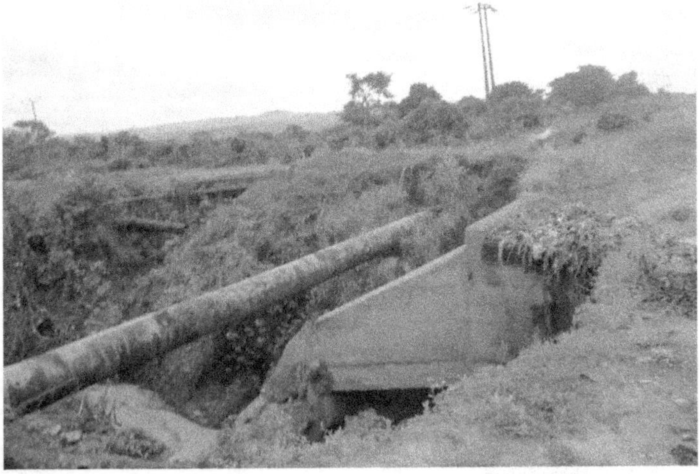

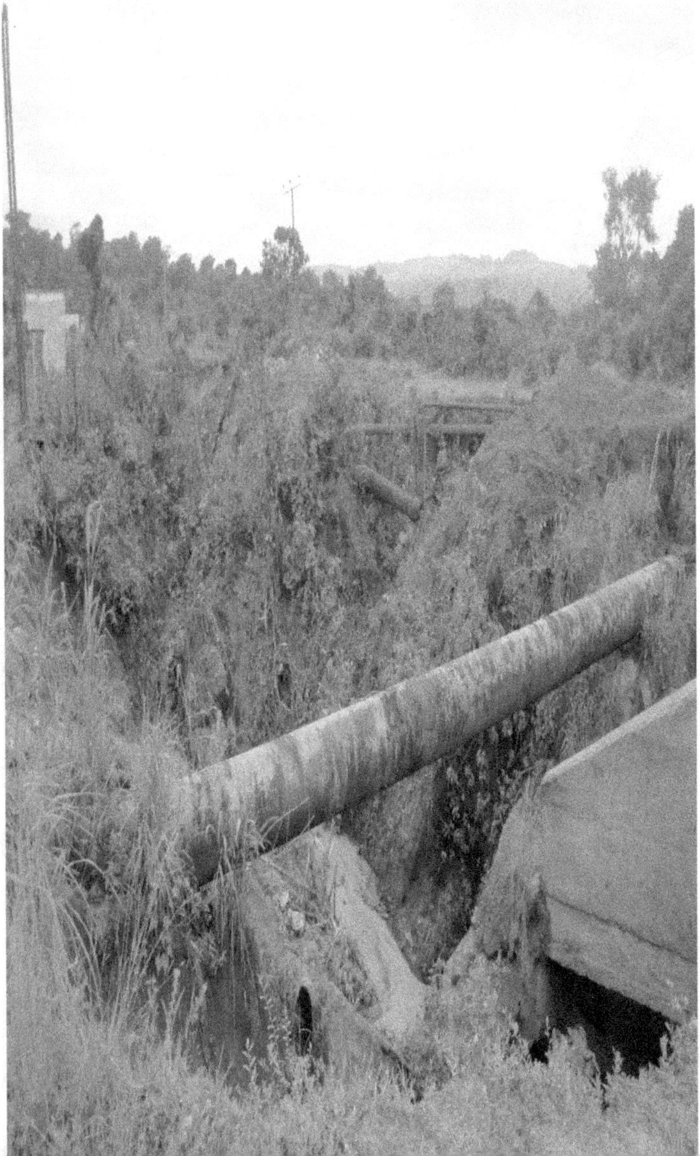

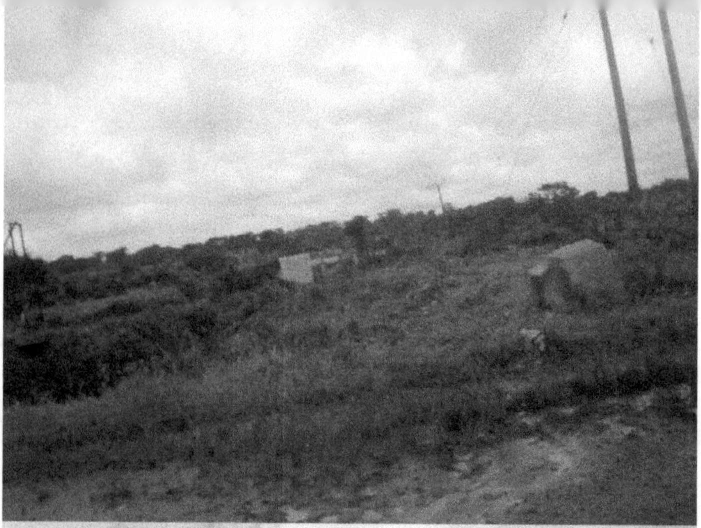

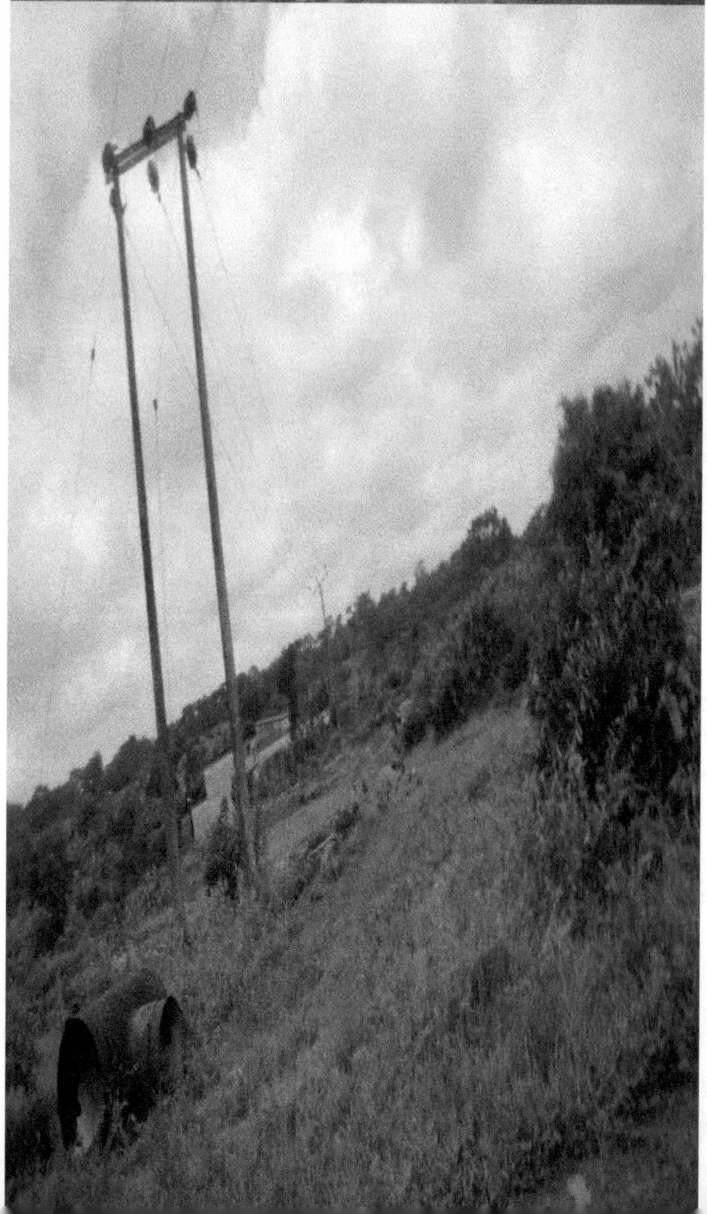

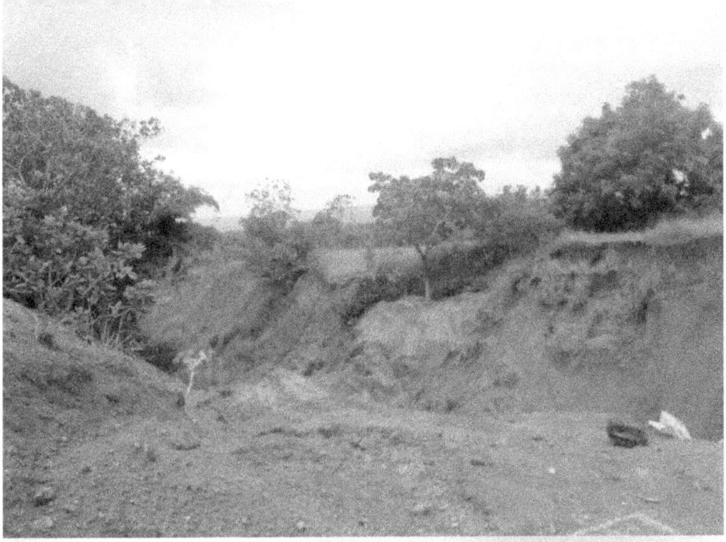

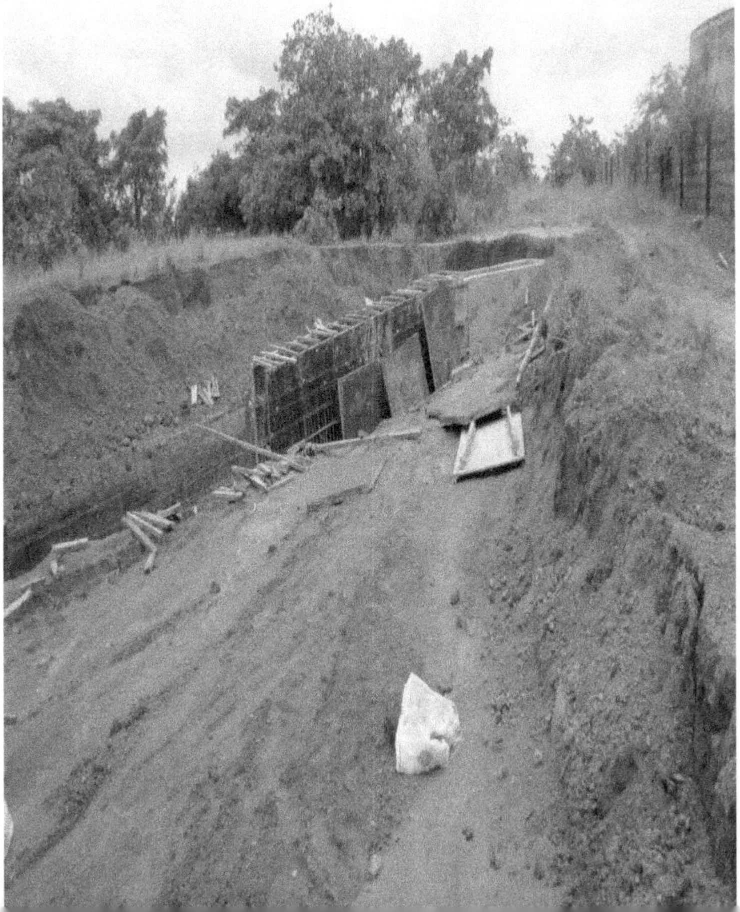

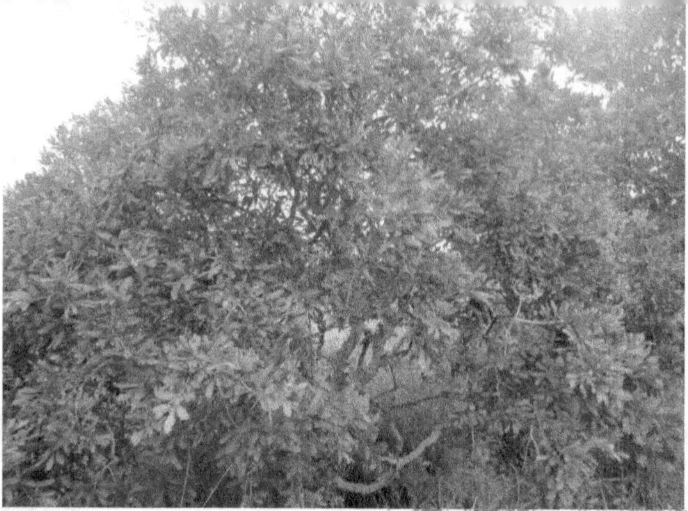

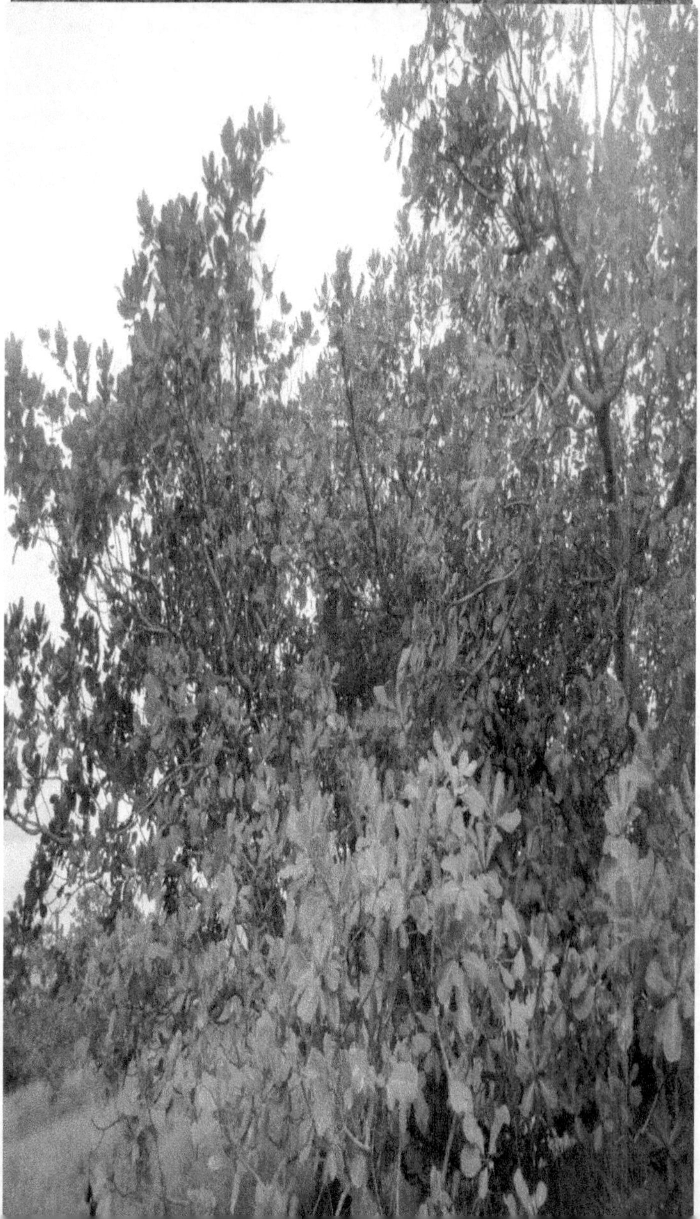

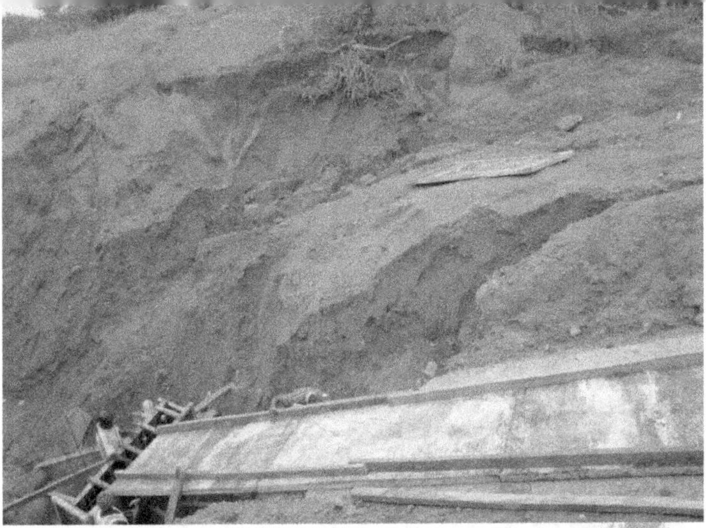

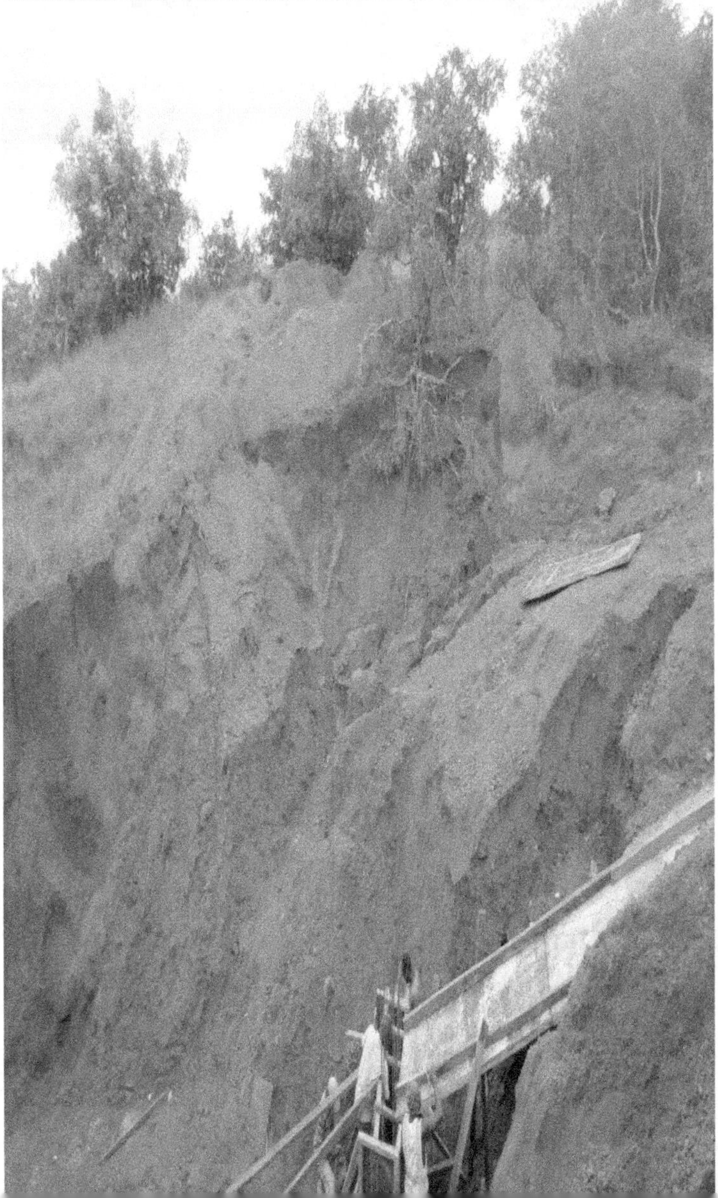

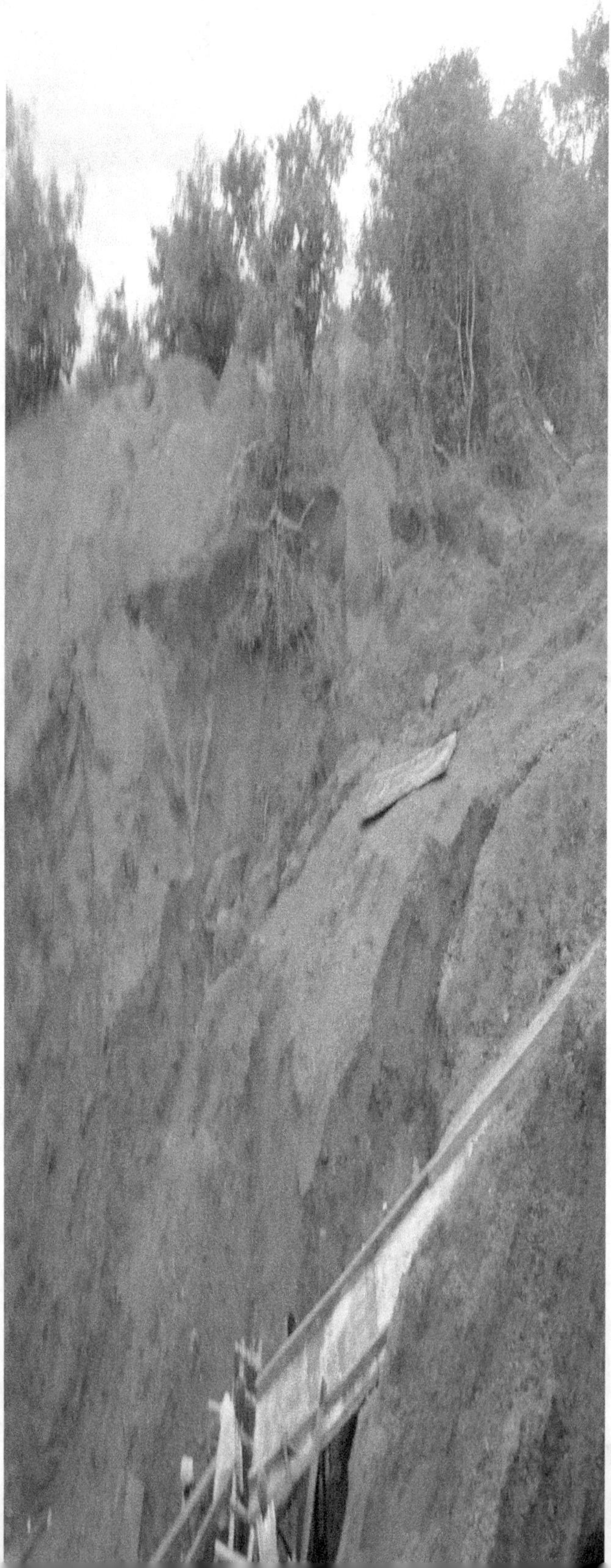

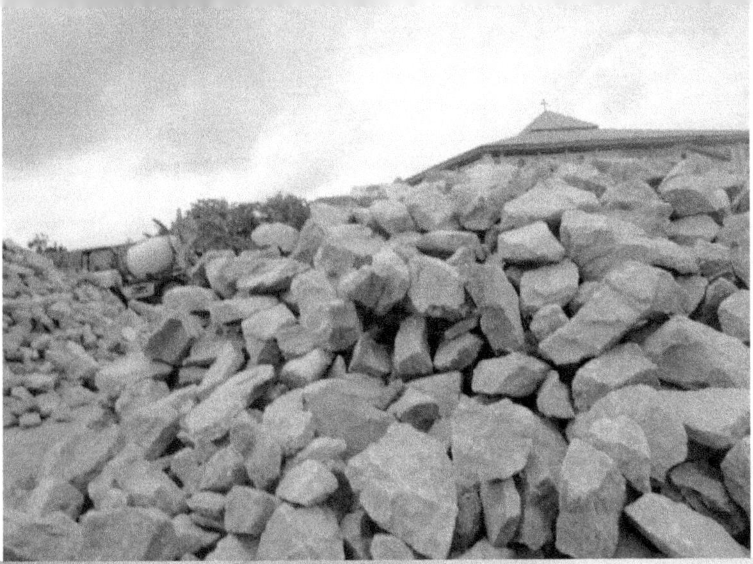

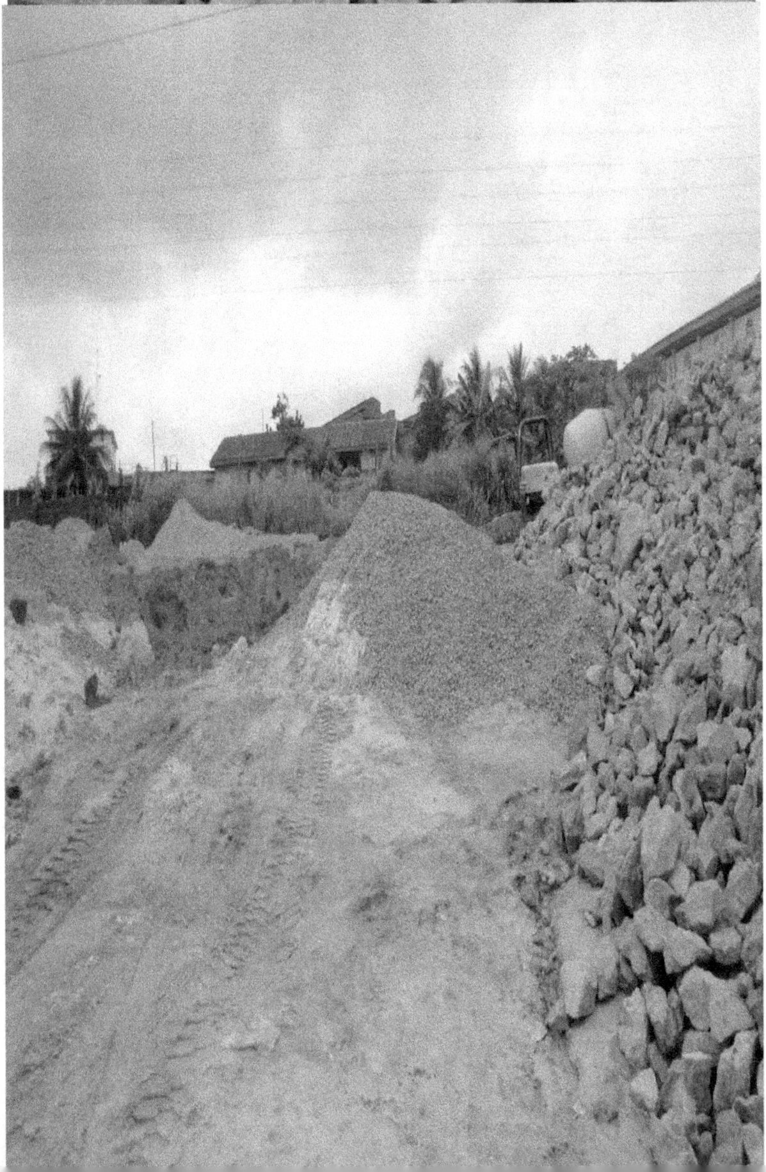

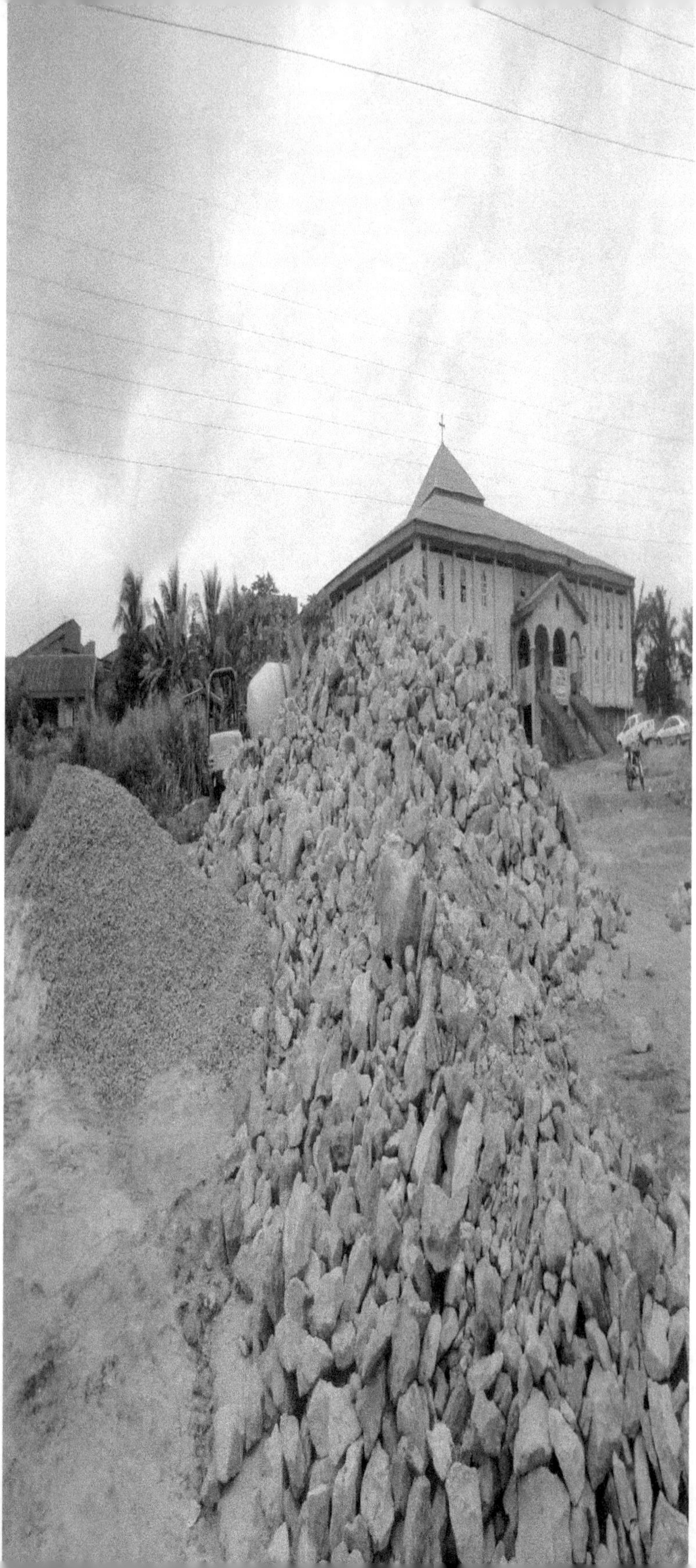

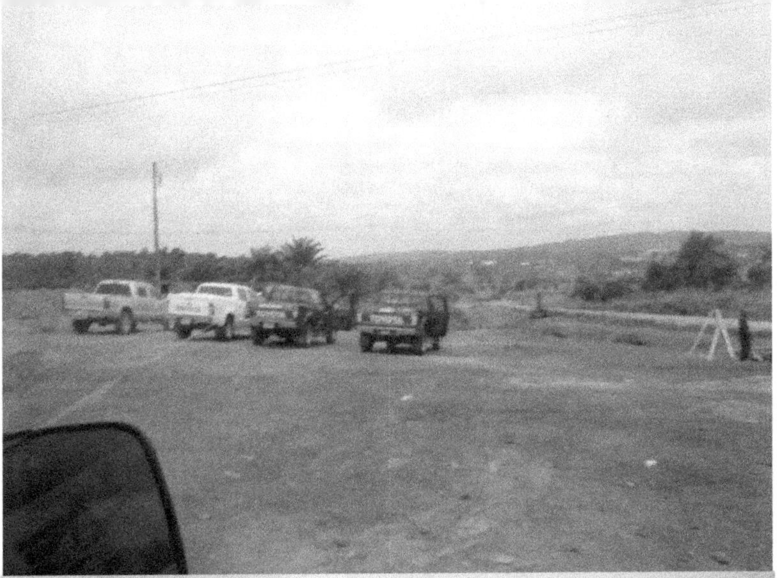

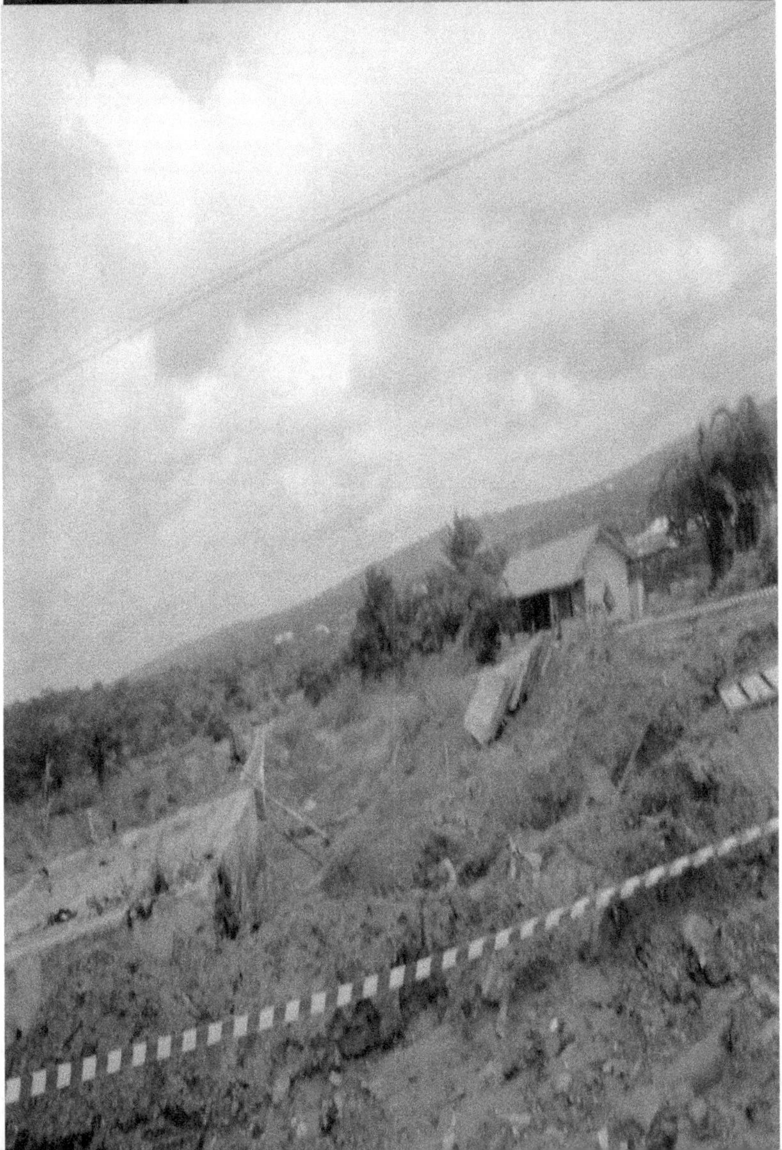

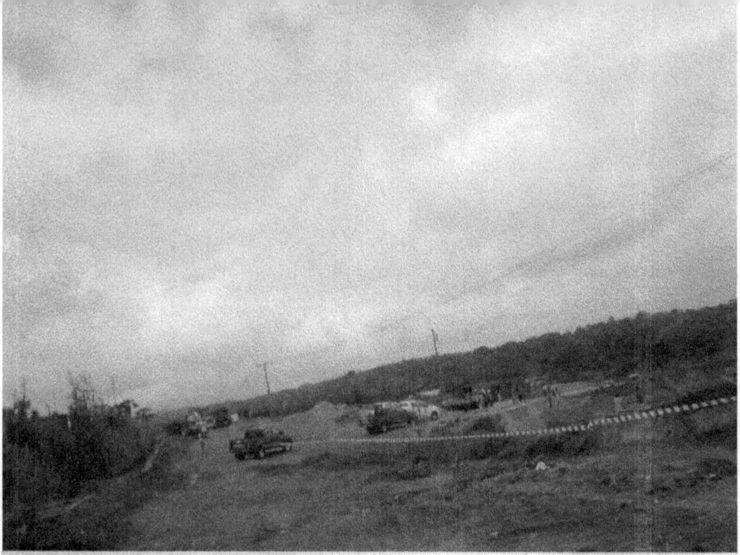

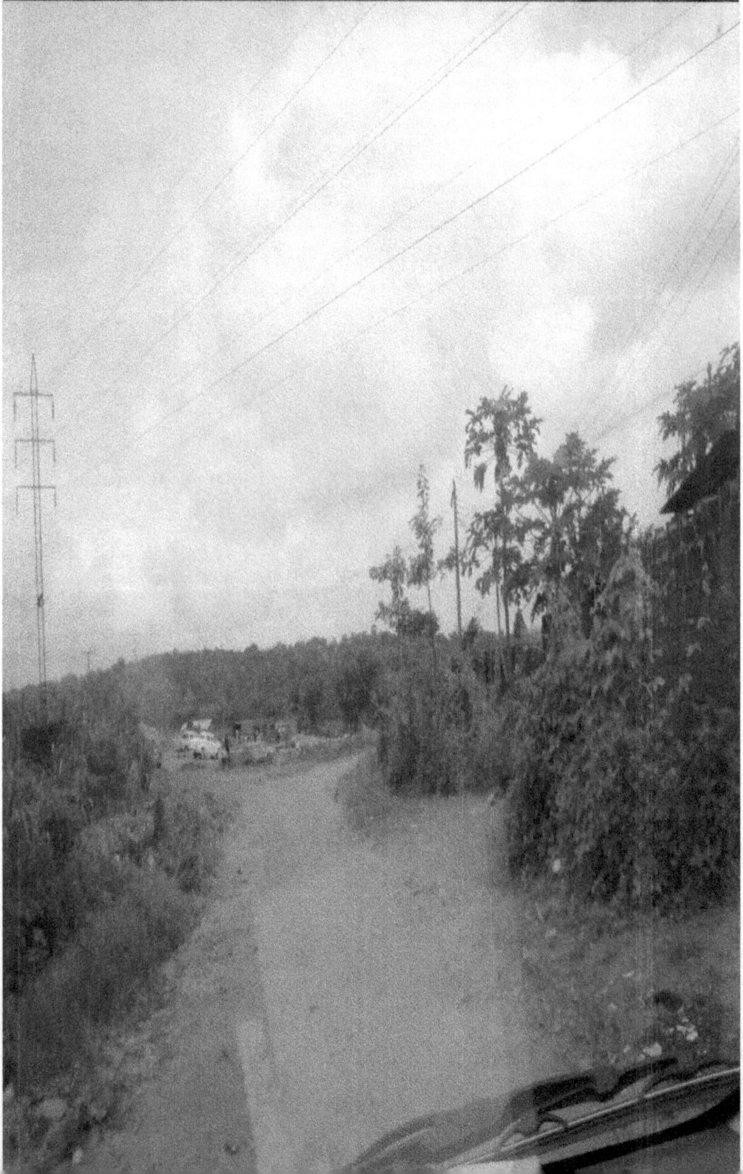

www.ingramcontent.com/pod-product-compliance
Lightning Source LLC
Chambersburg PA
CBHW070429190526
45169CB00003B/1468
* 9 7 8 1 5 3 6 8 0 7 7 9 0 *